高压直流输电系统
接地极线路故障测距技术

中国南方电网有限责任公司超高压输电公司　张怿宁　编著

中国电力出版社
CHINA ELECTRIC POWER PRESS

图书在版编目（CIP）数据

高压直流输电接地极线路故障测距技术/张怿宁编著．—北京：中国电力出版社，2020.6
ISBN 978-7-5198-0122-9

Ⅰ．①高…　Ⅱ．①张…　Ⅲ．①高压输电线路－直流输电线路－接地极－故障检测－测距　Ⅳ．①TM726.1

中国版本图书馆 CIP 数据核字（2020）第 034915 号

出版发行：中国电力出版社
地　　址：北京市东城区北京站西街 19 号（邮政编码 100005）
网　　址：http://www.cepp.sgcc.com.cn
责任编辑：岳　璐（010-63412339）
责任校对：黄　蓓　朱丽芳
装帧设计：张俊霞
责任印制：石　雷

印　　刷：三河市万龙印装有限公司
版　　次：2020 年 6 月第一版
印　　次：2020 年 6 月北京第一次印刷
开　　本：710 毫米×1000 毫米　16 开本
印　　张：13.75
字　　数：243 千字
印　　数：0001—1000 册
定　　价：59.00 元

前 言

　　接地极是（特）高压直流输电系统中不可或缺的重要组成部分，其间通常架设双导线并联的接地极线路。接地极线路电压等级较低，途经山间密林到达接地极极址点，发生线路故障概率较大，接地极线路发生故障后不仅影响直流输电系统的安全稳定运行，而且还会对直流输电设备安全和沿接地极线路人畜安全造成危害。接地极线路在系统双极运行时无电压以及极址点阻值很小的特点，决定了接地极线路故障定位有其特殊性和复杂性，多年来一直是影响重大却未解决的技术课题，对此课题研究较少，实际的实体试验和测试研究更少。

　　本书依据中国南方电网某直流输电系统 PSCAD 仿真模型，仿真接地极线路发生常见的单线接地故障和断线故障，并分析其故障特性。直流输电系统在单极大地回线运行或双极不平衡运行时，接地极线路流通大电流，提出基于主导特征谐波的频域测距算法，如基于 RL 模型的改进阻抗法、利用接地电阻纯阻性测距算法及谐波分量与直流分量组合测距算法；直流输电系统在双极平衡运行时，接地极线路流通电流较小，提出基于平移数据时窗的时域电压法。接地极线路发生故障时会产生暂态行波，仿真分析了高压直流输电系统在各种运行方式下的接地极线路故障行波的传播特性，提出基于单端行波的接地极线路准确故障测距原理和算法，以及基于注入源激励下的接地极线路主动式行波故障定位技术。基于特征谐波的频域测距算法在现有硬件设施基础上利用故障录波数据进行常规量测距，可以作为行波测距算法的有效补充，构成测距系统的双重化冗余配置，实现接地极线路精准可靠的故障定位。

　　本书所述成果有效解决了接地极线路故障定位这一世界性难题，填补了国内外在该领域的研究空白，并研制了国内首套接地极线路故障定位系统，对直流输电控制保护技术的进步具有重要意义。该成果经中国电机工程学会组织的成果鉴定，总体居国际领先水平；经中国电力企业联合会组织的产品鉴定，产品居国际先进水平，达到了实用化要求。运行结果表明，该装置运行稳定、可靠，可有效提高直流输电的运行和维护效率，其性能和价格均显著优于国外同类产品，适用于国内外各种运行方式下的接地极线路。

　　本书大部分内容均是科技创新成果，具有独立知识产权，研究过程中得到同事、朋友以及领导的鼓励和支持，在此致以诚挚的感谢。

本书在编写过程中得到了中国南方电网超高压输电公司的支持和资助，在此表示衷心感谢。

由于编写水平有限，疏漏之处在所难免，恳请各位领导、专家和读者提出宝贵意见。

编者

目　录

前言

第一部分　直流接地极系统概述及其线路故障特性分析

第二部分　基于故障录波数据的接地极线路故障测距技术

第一部分 直流接地极系统概述及其线路故障特性分析

第一章　概　　述

第一节　直流输电技术简介

一、直流输电系统的现状

1954 年，瑞典投入了一条 100kV、20MW 的直流输电线路，由本土向果特兰岛送电，这是首条采用汞弧阀进行商业运行的直流输电线路，也是世界上第一条工业性高压直流输电系统。由于汞弧阀在运行中容易发生逆弧，而且需要真空装置和复杂的温度控制，启动时又需较长的预热时间等，直流输电技术的发展与建设受到限制。20 世纪 80 年代，随着大功率电力电子器件和微控技术的快速发展，直流输电技术从汞弧阀换流转换为晶闸管换流，可实现大电流高电压的功率变换，届时，世界各国建设了一批具有代表性的高压直流输电工程。巴西的伊泰普直流工程线路电压达到 600kV，容量达到 6300MW；南非的英加—沙巴直流工程直流线路长度达到 1700km，直流输电技术得到了长足的发展。

继舟山直流试验工程成功投运以后，我国陆续建设了一批具有代表性的高压直流输电工程，在数量与质量上已位列世界前茅。截至 2019 年 1 月，广东、广西、贵州、云南和海南五省区组成的中国南方电网已实现"八交九直"500kV以上西电东送大通道，最大输送能力达 3400 万 kW。随着南方电网主网架的不断完善，从 2003 年到 2018 年，西电东送电量由 267 亿 kW 增长到 1800 亿 kW，年均增长 12.7%。通过"西电东送"战略，一方面可带动西部地区经济发展，实现西部大开发；另一方面，以广东为主的能源输入区能利用价优、质高、清洁的电能，节约本地用电成本，降低能耗与环境污染。我国高压直流输电工程概况如表 1-1 所示。

表 1-1   我国高压直流输电工程概况

工程名称	电压等级（kV）	输送功率（MW）	输送距离（km）	单极运行年份	双极运行年份
葛洲坝—南桥	±500	1200	1052	1989	1990
天广	±500	1800	960	2000	2001
三广	±500	3000	962	2003	2004
贵广Ⅰ回	±500	3000	900	2004	2004
贵广Ⅱ回	±500	3000	900	2007	2007
三峡—上海	±500	3000	950	2006	2006
银东—山东	±660	4000	1333	2010	2011
云广	±800	5000	1373	2009	2010
糯扎渡	±800	5000	1413	2012	2013
哈密—郑州	±800	8000	2210	2014	2014
向家坝—上海	±800	6400	1907	2010	2010

二、直流输电系统的类型

直流输电系统是一种以直流电的方式实现电能传输的电力系统，将三相交流电通过整流器变成正负两极直流电，然后通过一定距离直流输电线路输送到另一个换流器逆变成三相交流电的输电方式。直流输电系统与交流输电系统相互配合构成现代电力系统。

直流输电工程结构可分为两端（或端对端）直流输电系统和多端直流输电系统两大类，两端直流输电系统是只有一个整流站（送端）和一个逆变站（受端）的直流输电系统，即只有一个送端和一个受端，它与交流系统只有两个连接端口，可实现两个不同步系统进行电力交换，是结构最简单的直流输电系统。多端直流输电系统与交流系统有三个或三个以上的连接端口，它有三个或三个以上的换流站，可以解决多电源供电或多落点受电的输电问题，也可以联系多个交流系统或将交流系统分割成多个孤立运行的电网。两端直流输电系统又可分为单极系统（正极或负极）、双极系统（正负两极）和背靠背直流系统（无直流输电线路）三种类型。单、双极直流输电系除了有整流站、逆变站、直流输电线路以外，还有接地极系统和一个满足运行要求的控制保护系统。

高压直流输电的优势是能实现远距离大容量输电，不仅线路造价低，线路损耗少，而且控制性能良好。直流输电系统的额定输送功率一般在 100MW 以上，通常为 1000～3000MW。每 1000km 直流输电线路的电能损耗一般在 3%左右，随着电压等级和结构的不同而有所差异，但相比交流输电线路要小。高压直流输电在我国"西电东送"和全国大电网联网工程中起到了尤其重要的作用。目前世界上已运行的直撞输电工程大多为两端双极直流输电系统。两端直流输电系统构成原理图如图 1-1 所示。

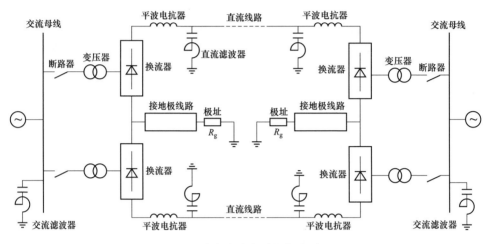

图 1-1　两端直流输电系统构成原理图

三、直流输电系统的构成

下面以两端直流输电系统为例对直流输电系统中的各个组成部分进行简单介绍。换流站是直流输电工程中直流和交流进行能量转换的系统。顾名思义，换流指把交流转换为直流，或把直流转换为交流。其中，把交流电转换为直流电输送远方的换流站称为整流站，而把远方输送过来的直流电转换为交流电的换流站称为逆变站。换流站由交流场和直流场组成，交流场的设备与交流变电站的设备基本相同，除此之外，换流站还具有以下特有设备：换流器、换流变压器（交流场和直流场之间）、交流滤波器（属于交流场）、直流滤波器和无功补偿设备、平波电抗器、直流接地极等。

换流器（Converter）是由单个或多个换流桥（Converter Bridge）组成的进行交、直流转换的设备。换流器可以分为两类：整流器（Rectifier）和逆变器（Inverter）。整流器可将交流电转换为直流电，而逆变器可将直流电转换为交流电。换流器的核心是逆变电路，把直流电变成交流的过程比把交流电变成直流的过程复杂得多。目前，换流器单位容量在不断增大，其造价也非常昂贵。

换流变压器（Converter Transformer）是直流换流站交直流转换的关键设备，它由一次绕组（交流侧）和二次绕组（阀侧）组成，其交流侧（又叫网侧）与交流场相连，阀侧和换流器相连。采用换流变压器实现换流桥与交流母线的连接，并为换流桥提供一个中性点不接地的三相换相电压。由于换流变压器运行与换流器的换向所造成的非线性密切相关，同时换流变压器既要承受交流电压，又要承受直流电压，因此其在变压器的绝缘、漏抗、谐波、直流偏磁、有载调压和试验方面与普通电力变压器是有所不同的。

交、直流滤波器是换流站必须配备的设备。它们不仅为换流器运行时产生的特征谐波提供入地通道，滤除换流器运行产生的谐波，而且可以补偿换流站内的无功缺额。其中，直流滤波器可配合直流电抗器、直流冲击电容器工作，主要用来降低高压直流输电线路上或接地极线路上的电流或电压波动。

平波电抗器安装在换流器阀厅出口处，它不仅起到平滑直流电流中的纹波的作用，防止直流侧雷电和陡波进入阀厅，使换流阀免于遭受这些过电压的应力，而且在直流短路时可通过限制电流快速变化来降低换向失败概率。

直流输电线路将送端整流站的直流电传送到受端逆变站，是直流输电系统的一个重要组成部分。直流输电线路中"极"的定义相当于三相交流线路中的"相"。但从电力传输的技术要求来看，交流输电线路必须三相才便于运行；而直流输电线路中的极（正极或负极）却能独立工作，任何一极加上回流电路就能独立输送电力。在输送功率和输送距离相同的条件下，直流输电架空线路的造价要比交流输电线路低 20%～30%，其经济指标要优于交流输电线路。

直流输电接地极（DC Transmission Ground Electrode）是直流输电系统为实现正常运行或故障时以大地或海水为回路，回流至另一换流站直流电压中性点而在距每一端换流站中性母线引出数十千米（或一百多千米）导线再接地（或放入海水中）的装置和设施的总称。

第二节　直流接地极系统介绍

一、直流接地极系统的作用

HVDC 输电系统利用大地作为回路，相对同样长度的金属回路，具有较低的电阻和相应较低的功率损耗，能提高直流系统的传输效率；可为直流输电系统分期建设提供条件，使已建成的一极先行投产运行；还可以保证某一极因检修停运或故障导致单极闭锁时，另一极仍可采用单极大地回路方式正常运行，提高直流输电系统的输电效率。

直流接地极流入大地的泄漏电流一部分能通过电力变压器直接接地的星形

联结绕组中性点流入交流电网。电力变压器的正常交流工作磁场受接地极直流入地电流的影响会发生工作点偏移，使变压器内部铁心产生单边磁饱和，进而使励磁电流波形发生严重畸变，引起变压器振动和噪声加剧、局部发生过热，即发生所谓变压器的直流偏磁现象或直流偏置现象。根据中华人民共和国电力行业标准《高压直流接地极技术导则》对接地极址点的选择原则，为防止高压直流接地极的入地电流对换流站接地装置的腐蚀和对交流系统的干扰，高压直流输电系统中接地极极址接地点到换流站的直线距离宜不小于 10km，并必须保证换流站的接地网与接地极完全分开。工程实践中，为防止接地极入地电流对交流侧的正常运行带来危害或干扰，接地极极址接地点一般距离直流系统换流站几十到一百多千米，其间通常架设双导线并联的接地极引线。

二、直流接地极系统的构成

HVDC 输电的接地极系统主要由换流站中性母线、接地极线路和极址组成，如图 1-2 所示。接地极、接地极线路其设计所取的连续运行电流即为工程连续运行的直流电流。换流站中性母线可看作接地极线路的电源侧；S1 和 S2 分别为极 I 中性母线开关和极 II 中性母线开关，它们在正常运行情况下处于闭合状态；S3 为换流站内的快速接地开关，在双极平衡运行时发生紧急故障情况时闭合；C 为接地极线路在换流站侧的过电压吸收电容。

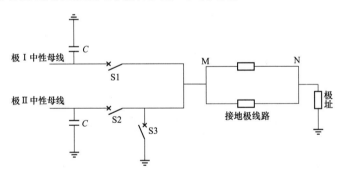

图 1-2 双极 HVDC 输电系统接地极线路示意图

接地极线路是将直流电流从换流站引入极址的线路，在极址处采用电缆直埋敷设接地极址的内、外环；极址用于将接地极线路引出的电流均匀注入大地，为了充分利用极址场地，在极址获得比较均匀的电流分布特性，电极的形状会根据不同的地理位置布置成垂直形、星形、多圆环形、椭圆形等。为了避免流经大地的直流电流可通过直接接地的中性点流入电力变压器，导致变压器产生直流偏磁，给变压器本体及交流电网造成不良影响，同时入地电流会对换流站接地装置产生腐蚀，中华人民共和国电力行业标准《高压直流接地极技术导则》规定接地极极址至换流站的直线距离大于 10km，并保证换流站的接地网与极址完全分离。在实际工程中，为了防止接地极入地电流对交流电网及人们生活产生影响，接地极极址一般距离换流站几十千米到数百千米，其间通常架设双导线并联的接地极线路。

目前我国已投运的直流工程大多是一站一极式，但随着直流工程数量的增多及地理位置的限制，接地极地址的选择越来越困难，出现了直流工程邻近多个换流站共用接地极的运行方式，即多个直流输电系统的送端或受端的接地极线路都与同一个接地系统相连接，共同使用一个接地系统。例如，金沙江下游自下而上规划的向家坝、溪洛渡、白鹤滩和乌东德四座大型水电站，这四条直流的送端均地处山区，相互之间的距离又很近，一个换流站对应一个接地极存在极址选取的困难，而多个直流系统共用接地极则可较好地解决这一问题。再如，加拿大纳尔逊河双极Ⅱ回和双极Ⅰ回直流系统在逆变站多尔塞（Dorsey）换流站侧为共用接地极设计。我国广东在贵广Ⅱ回±500kV 和云广±800kV 直流系统中首次采用共用接地极方案。在这种方式下，当两个直流系统极性相同并且同时运行在单极大地回路方式时，接地极线路流通的电流将是两个换流站单极电流的总和，甚至还需要考虑此时换流站的过负荷运行，如向家坝至上海直流输电工程和溪洛渡至浙西直流输电工程在送端采用共用接地极设计，有关文献对共用接地线的技术要求和保护方式进行了探讨。可见，接地极系统在HVDC 输电系统中扮演越来越重要的角色。

第三节　直流接地极系统的运行方式

当前直流工程大多是两端双极直流输电系统，可以采取单极（正极或负极）和双极（正负两极）运行方式。针对不同的运行方式，接地极系统的运行特性有较大差别，下面以两端双极直流输电系统为例，在不同运行方式下说明接地极系统的运行特性。

一、单极直流运行方式

两端直流输电工程选用单极运行方式时可采用正极性或负极性。换流站出线端对地电位为正的称为正极，为负的称为负极。与正极或负极相连的输电导线称为正极导线或负极导线，单级运行时多采用负极性（即正极性接地），这是因为正极导线的电晕电磁干扰和可听噪声均比负极导线的大。另外，雷电大多为负极性，使得正极导线雷电闪络的概率也比负极导线的高。单极运行的接线方式有单极大地（海水）回线方式和单极金属回线方式两种。

1. 单极大地回线方式

单极大地回线方式是利用一根导线和大地（或海水）构成直流侧的单极回路，两端换流站均需接地，如图 1-3 所示。在直流工程投产初期或双极系统某一极发生故障导致单极闭锁时，为了发挥直流工程输电效益，减少因故障造成的输电损失，直流系统往往采用单极大地回线方式，输送双极系统一半的功率。

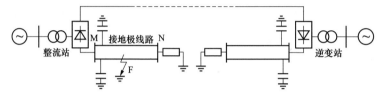

图 1-3　直流输电系统单极大地回线方式结构图

当直流系统采取这种运行方式时，接地极线路流经的电流为直流输电工程的运行电流，与极线路电流相同，可高达数千安。直流电流经接地极线路引导在极址处经接地极流入大地。同时两端换流站接地极系统起钳制中性点电压作用，避免换流阀因中性点电压偏移换相失败。地下（或海水中）长期有较大的直流电流流过，这将引起接地极附近地下金属构件的电化学腐蚀及中性点接地变压器直流偏磁的增加而造成的变压器饱和等问题，这些问题有时需要采取适当的技术措施。

2. 单极金属回线方式

单极金属回线方式利用两根输电导线构成直流侧单极回路，即用一根输电导线作为金属返回线来代替单极大地回线方式中的地回线，如图 1-4 所示。为了固定直流侧对地电压和提高运行的安全性，金属返回线的一端需要接地，其不接地端的最高运行电压为最大直流电流时在金属返回线上的压降。当直流输电系统某一极换流站内部故障且正负极输电线路无故障时，可采用单极金属回线方式运行。当直流系统采取这种运行方式时，地中无电流流过，接地极系统处于非有郊运行状态。

图 1-4　直流输电系统单极金属回线方式结构图

二、双极大地运行方式

双极大地运行方式即两端换班站的接地极系统均处于有郊接地，利用正负两极导线和两端换流站的正负两极相连，构成直流侧的闭环回路。两端接地极系统所形成的大地回路，可作为输电系统的备用导线，是直流输电工程通常所采用的运行方式，如图 1-5 所示。正常运行时，直流电流的路径为正负两根导线，双极的电压和电流可以不相等。

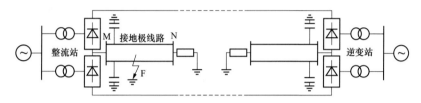

图 1-5　直流输电系统双极大地运行方式结构图

正负两极在地回路中的电流方向相反，地中电流为两极电流的差值。双极大地回线系统实际上由两个相互独立运行的单极大地回线系统构成，双极中的任一极均能构成一个独立运行的单极输电系统。双极的电压和电流均相等时称为双极对称运行方式，不相等时称为电压或电流的不对称运行方式。当双极电流相等时，接地极线路无电流流过，实际上仅为两极的不平衡电流，通常小于额定电流的 1%。因此，采用双极对称方式，可基本消除由地中电流所引起的电腐蚀等问题。采用双极电流不对称方式，两极中的电流不相等，接地极线路流经的电流为两极电流之差，其大小依双极电流的不平衡度确定。

综上所述，高压直流系统以单极大地回线或双极大地回线方式运行时，接地极系统处于有郊运行状态，接地极线路流过系统电流或系统不平衡电流。HVDC 系统在以双极大地回线运行方式运行时，接地极线路流过双极不平衡电流，同时限制换流阀中性点电位，保护换流阀的安全；在以单极大地回线运行方式运行时，接地极址入地电流为系统输电线路运行电流，此电流可达数千安。

第四节　接地极线路故障测距技术现状

一、接地极线路故障测距的意义

直流接地极址一般选择远离人口稠密的城市和乡镇及地下有较多公共设施的地区。接地极线路的引流走廊多为山地，易发生经树枝接地短路放电的情况。

中华人民共和国电力行业标准《高压直流接地极技术导则》规定，高压直流系统投运后，接地极线路的维护检查周期与该系统的直流输电线路相同。

直流系统以单极大地回线方式运行时，接地极线路发生故障，将导致 HVDC 输电系统单极大地回线产生单极闭锁故障，中断功率传送；当以双极大地回线方式运行时，系统某一极输电线路发生故障而需要单极闭锁操作时，若接地极线路运行状态不明确，系统无法转换为单极大地回线运行方式，从而导致双极闭锁，对送、受端交流系统产生较大冲击，影响电力系统的稳定运行。此外，接地极线路故障可能会干扰邻近通信设备，在故障处造成人身伤害或引起故障点附近地下金属管道产生电化学腐蚀。

接地极线路故障测距是当接地极线路出现短路或断线等故障时，利用测距装置实现快速判断、确定故障点所在位置的功能，需要满足可靠性与准确性。当接地极线路发生故障时，运维人员应利用测距装置快速定位故障区段，尽量缩小巡线范围，让抢修人员能准确、及时地到达故障点开展工作。

接地极线路故障测距提高了直流输电系统的运行自动化水平，是电力企业生产运行的工作需要，准确、快速的故障测距有利于及时排除故障，减少因接地极线路故障导致直流全年停运时间，能有效提高直流输电线路运行的可靠性，避免电力企业售电损失，提高其运营效益，保障工农业生产及人民生活正常进行。除此之外，准确的故障测距有利于缩小巡线人员的查找范围，极大降低人工巡线的劳动强度，避免了频繁巡线可能带来的人身危险。所以，直流输电线路的故障测距对及时修复线路，保证可靠供电，保证电力系统的安全、稳定和经济运行，进而保障整个社会的电力供应安全起着十分重要的作用。

二、接地极线路故障测距研究现状与监测装置

接地极线路电压等级较低，发生线路故障概率较大。目前，接地极线路的故障测距目前有两种研究方向：一种是采取单独通道设计、装设附加的保护装置，向两条引出线耦合信号，根据检测反射信号测定故障距离；另一种是根据在线路首端采集电气量，根据电气量的故障特征及相关测距算法求得故障距离。

根据单独通道设计的测距方法有阻抗监视法和脉冲反射法。阻抗监视法用于对极线路运行状态进行动态监视，主要向极线路注入高频交流电流，并测量注入点处的对地电压，通过该电流和电压值计算出阻抗值，根据测量阻抗偏离参考阻抗的程度测定故障距离；脉冲反射法利用向极线路注入高频脉冲，依据脉冲在故障点和极址点反射脉冲的时间差计算故障距离。有关文献提出以脉冲在引线上来回传播一次的时间为一个循环周期，在一个周期内多次发射宽度不

同的脉冲，提高了脉冲反射法的快速性。脉冲反射法不需要额外投资，根据现有保护录波装置即可完成故障测距。有关文献提出将接地极线路等效为 π 型电路，由测量端电气量计算线路输入阻抗，再根据输入阻抗等于故障点到测量端的线路等效阻抗构造测距函数。但系统在双极平衡运行时，极线路上电气量微弱不易检测，基于线路集中参数等效模型的测距结果会有一定偏差。

目前，在换流站内针对接地极线路的保护大多装设有 PEMO2000 脉冲发射装置或阻抗监测装置。下面就对这两个测距装置的测距原理进行介绍。

1. PEMO2000 脉冲发射装置

PEMO2000 脉冲反射接地极监视仪是 Siemens 公司的产品，它与 Siemens标准电力载波设备 AEK100、GPS 系统、事件顺序记录系统 DFU400 及直流分屏柜相连接，组成整个接地极线路监控系统。脉冲反射接地极线路监视系统（PEMO2000）为单通道设计，作为接地极线路保护的一个附加保护功能，其结构原理如图 1-6 所示。

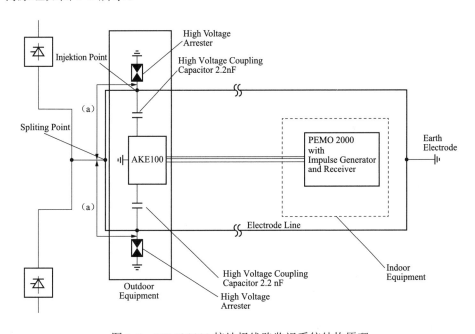

图 1-6　PEMO2000 接地极线路监视系统结构原理

PEMO2000 通过室外设备 AKE100 在两条接地线上分别注入两个不同模式的高频脉冲，高频脉冲沿着接地极电缆传播并在线路末端被反射，正常情况下，在脉冲注入点（Injection Point）可以检测到这个反射脉冲。在线路发生故障的情况下，故障发生点会成为一个新的脉冲反射点，故障点产生的故障反射波同样可以被检测到，故障点的反射波会比从线路末端的反射波更早回到注入点。测量两个反射波回到脉冲注入点的时间差就可以计算出故障地点。运行人员可以通过注入脉冲的反射波波形判断线路故障的类型（开路故障或接地故障）。

2. 阻抗监测装置

接地极线路阻抗监测装置是 ABB 公司设计的产品，用于对极线路运行状态进行动态监视（不管有无负荷），目前已用于天广、金中等直流工程中。

如图 1-7 所示，通过一个谐振滤波器（谐振频率与注入信号相同）向极线路注入高频交流电流 $\dot{I}$，并测量注入点处的对地电压 $\dot{U}$，通过该电流 $\dot{I}$ 和电压值 $\dot{U}$ 计算出极线路对地阻抗值

$$\dot{Z} = \dot{U} / \dot{I}$$

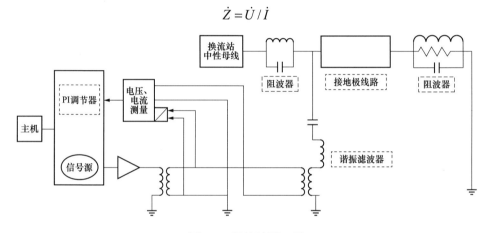

图 1-7　阻抗法原理图

设极线路无故障时典型值为 $\dot{Z}_0$，将其作为参考阻抗，极线路的阻抗值会受导线温度影响。由于 HVDC 输电系统在不同运行方式下极线路流经的电流变化幅度较大，相应极线路阻抗随着运行方式不同而有较大差异，所以参考阻抗应是一系列因运行方式而定的特定值。当满足下式时监控装置给出报警或闭锁信号

$$\left| \dot{Z} - \dot{Z}_0 \right| \geqslant R_0$$

式中，R_0 为考虑综合误差的整定值。

极线路两端串联的阻波器用于阻断注入信号流向中性母线，其中在极址侧的阻波器并联与极线路波阻抗相符的电阻值，用于实现无反馈终端，增加阻抗监测的精确度。

阻抗法实时不断测量线路阻抗值，实时反映极线路的运行状况。该方法可监测近端金属接地故障，测量结果易受过渡电阻和参考阻抗与整定值的影响。

本　章　小　结

　　本章首先介绍了国内外高压直流输电的现状，然后对极地系统的运行方式进行了阐述，最后分析了目前接地极线路故障测距方法的优点及不足。

第二章　高压直流接地极系统设计及其运行特性

接地极系统由换流站中性母线、接地极线路和接地极组成。接地极线路从换流站中性母线引出，在极址处经导流电缆接入接地极，完成直流系统不平衡电流的流通作用，其流经的电流在几安培到几千安培之间，不同于一般的交直流线路；接地极需要引导数千安电流入大地，不同于一般的接地装置。本章对接地极系统的设计条件进行说明及对接地极线路的故障特性进行分析。

第一节　接地极系统的设计要求

一、接地极线路截面选择

接地极线路在单极运行时，通过接地极线路的最大电流和直流输电线路相同。相比直流输电线路，接地极线路有以下几个特点。

（1）运行电压低，其线路电压只是入地电流在导线电阻及接地极电阻上的压降。

（2）单极运行时间短，只是在直流系统投产初期或双极投运后一极发生故障检修时才采用单极大地方式运行。一般情况下，接地极线路仅作为固定换流站中性点电位之用，流过线路电流仅为额定电流的 1%。

（3）接地极线路长度较短，一般只有几十千米。

考虑接地极线路的以上特点，接地极线路截面的选择只需按最严重的运行方式校验热稳定性条件。由于直流输电工程输送容量大，为满足热稳定要求，导线截面较大。在工程设计中，一般选用两根单导线，为了保持杆塔受力平衡，两根导线布置在杆塔两侧。

二、防雷保护设计要求

接地极线路电压等级不高，根据《交流电气装置的过电压保护和绝缘配合》规定，对于 35kV 以下的线路一般不沿全线装设地线。接地极线路虽属于低绝缘线路，但输送容量大，由于其重要性远高于 35kV 配电线路，因此一般沿全线架设地线。运行经验表明，接地极线路架设地线可增加着雷时导线的耦合系数。引导直击雷入地，同时提高线路耐雷水平，降低绝缘子和换流站设备遭受破坏的概率，降低接地极线路因雷击故障引起的跳闸率。

三、杆塔设计

由于接地极的线路长度较短，为减少设计和加工工作量，塔型不宜过多，目前国内所采用的塔型有拉或直线塔、自立式直线培、转角耐张塔三种。由于导线机械荷载较大，所用杆塔均为钢结构。在地电流场的作用下，直流地电流可能从一个塔脚流进（出），从另一个塔脚流出（进）；也可能通过非绝缘的地线，从一个塔流进（出），从另一个塔流出（进），在电流流出的地方形成电腐蚀。为了防止直流地电流对极址附近杆塔基础造成电腐蚀，一般可采用下列技术措施。

（1）将离开接地极约 10km 一段线路的地线用绝缘子对地绝缘，避免直流入地电流在地线流动。

（2）用沥青浸渍的玻璃布将离开接地极址 2～3km 范围内的杆塔基础完全包缠绝缘起来，以防止或减少地电流在塔脚间流动。

（3）对于紧靠接地极址的杆塔，在塔脚处垫一块玻璃铜板，在每个地脚螺栓出口处套上合适的玻璃钢管，使杆塔对基础绝缘，阻止地电流流向杆塔。

四、接地极的设计

接地极的设计原则主要包括四方面内容：①必须满足系统条件；②符合使用寿命要求，在规定的运行年限内不应出现故障；③符合最大允许跨步电压的限制要求；④符合土壤最大允持温升的限制要求。

目前世界上已投入运行的直流接地极分为两类：一类是陆地接地极，另一类是海洋接地极。陆地接地极主要以土壤中的电解液作为导电媒质，其敷设方式分为两种形式：一种是浅埋型，也称沟型，一般为水平埋设；另一种是垂直型，又称井形电极，它由若干根垂直于地面布置的子电极组成。陆地接地极馈电棒一般采用导电性能良好、耐腐蚀、连接容易、无污染的金属或石墨材料，并且周围填充石油焦炭。水平埋设型接地极埋设深度一般为数米，充分利用表层土壤电阻率较低的有利条件。因此，浅埋型接地极具有施工运行方便、造价低廉等优点，特别适用于极址表层土壤电阻率低、场地宽阔且地形较平坦的情况。垂直型接地极底端深埋一般为数十米，少数达数百米，一般适用于表层土壤电阻率高而深层较低的极址场地受到限制的地方。

海洋接地极主要以海水作为导电媒质。海水是一种导电性比陆地更好的回流电路，海水电阻率约为 $0.2\Omega\cdot m$，而陆地电阻率则为 $10\sim1000\Omega\cdot m$，甚至更高。海洋接地极按布置方式又分为海岸接地极和海水接地极两种。海岸接地极一般采用沿海岸直线形布置，以获得最小的接地电阻值。海水接地极的导电元件放置在海水中，采用专门支撑设施和保护设施，使导电元件保持相对固定和免受海水或冰块的冲击。

接地极的电极形状有垂直型、星形、圆环形等不同形式。从广义上讲，只要极址场地条件许可，并且能满足系统运行的技术要求，那么采用任何形式布置的接地极都是可以的。但在实际情况中，选择不同形状的电极对其工程造价会产生重大影响。一般来讲，在选择或确定接地极形状时应遵循三个基本原则：①力求使电流分布均匀；②充分利用极址场地；③尽可能对称布置。

第二节　接地极线路运行特性

直流系统以双极两端接地方式和单极大地回线方式运行时，接地极线路处于有效运行状态。实际运行中，接地极线路的故障概率远高于接地极的故障概率，本文将接地极看作一个阻值很小的电阻，主要分析接地极线路发生各种故障时的电气特性。

一、不平衡电流和谐波

接地极线路流经电流的大小与直流系统的运行方式紧密相关。当 HVDC 输电系统以双极平衡运行方式运行时，入地电流仅为正负两极换流变压器阻抗角和触发角等偏差产生的不平衡电流，其值一般不超过额定电流的 1%；以双极不平衡运行方式运行时，接地极线路流经双极电流的差值依双极运行不平衡程度而定，双极不平衡度大时，流经接地极线路电流高，双极不平衡度小时，流经接地极线路电流低；以单极大地方式运行时，接地极线路流通直流系统的额定运行电流高达数千安培。接地极线路两引出导线上的电压实际是入地电流在接地极及其线路上的压降，与线路和极址的阻抗有关，且两个引出线间无电压。

当接地极线路发生单线接地或单线断线时，两个引出线阻抗的对称性会遭到破坏，两引出线电流大小不再相等。

换流站在交直流电变换过程中，不可避免地要产生谐波电流。在直流输电系统实际运行工况中，因交流侧谐波电流的渗透和换流阀参数不绝对对称，在特殊情况下接地极线路会出现上百安培的谐波电流。接地极线路流通电流除了直流电流以外，还有大量稳定谐波分量，如 12、24、36 等 12 倍数及其他高次的谐波电流。由于交流系统电压不对称、换流变压器各相阻抗不相等、换流器参数不对称、换相电压相位偏离及触发脉冲偏差等原因，直流侧可能产生谐波电压，即非特征谐波。非特征谐波与特征谐波的产生机理不同，两者在直流系统直流侧并行存在，共同组成直流侧的谐波源，其流通路径大致相同。

在正常情况下，HVDC 输电系统一般运行在接近理想状态，系统参数偏差不大，特征谐波是直流侧谐波的主体，非特征谐波所占比例稍小。直流滤波器的参数设定主要针对直流侧的特征谐波，所以本文在分析接地极线路电气特性时，只考虑特征谐波产生的影响，即假设交流系统母线电压为理想正弦基波，换流变压器、正负换流器和控制系统参数完全对称，即换流站在直流侧只产生特征谐波，不产生非特征谐波。在上述理想情况下，分析接地极线路流经电流的谐波成分及发生接地、断线常见故障时的各特征量的变化特征。

二、特征谐波流通路径

在换流器一个周波的每一阶段中，直流电压都是正弦基波的一部分，因此，直流输电系统在交直流变换过程中不可避免地要产生谐波，这种因换流而产生的谐波称为特征谐波。对于 12 脉动换流器，在直流侧一般产生 12 倍数次谐波，通过傅立叶分析可以确定各次谐波的幅值和相位，公式如下：

$$U_n = \sqrt{(A^2 + B^2)} \qquad (2\text{-}1)$$

$$\varphi_n = \arctan(B/A) \qquad (2\text{-}2)$$

其中

$$A = [\cos(n+1)\alpha + \cos(n+1)(\alpha+\mu)]/(n+1)$$
$$\quad - [\cos(n-1)\alpha + \cos(n-1)(\alpha+\mu)]/(n-1)$$
$$B = [\sin(n+1)\alpha + \sin(n+1)(\alpha+\mu)]/(n+1)$$
$$\quad - [\sin(n-1)\alpha + \sin(n-1)(\alpha+\mu)]/(n-1)$$

式中，$n=12k$，其中 $k=1$、2、3、…，即 12 的整数倍；U_n 为直流侧相应次谐波电压幅值；φ_n 为相应次谐波电压相位；a 为触发角；μ 为换相角。

直流系统在以单极大地回线方式运行时，整流侧谐波流通路径如图 2-1

所示。换流站产生的特征谐波当作一个脉动谐波源，其产生的谐波电流以直流滤波器或直流线路和接地极线路构成通路。直流输电线路上的谐波含量由整流侧和逆变侧共同确定，接地极线路上的谐波含量主要由该侧换流站确定。

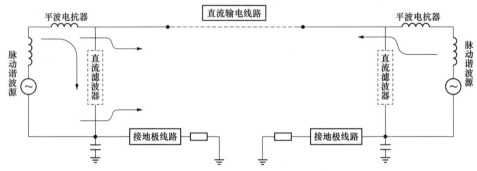

图 2-1　单极大地回线方式整流侧谐波流通路径

　　直流系统在以双极大地回线方式运行时，整流侧谐波流通路径如图 2-2 所示。正负两极换流阀等效为两个脉动谐波源，其谐波电流流通路径与单极大地回线方式有所不同。正负极直流滤波器作为各极谐波源独立的流通路径，相应极直流线路和接地极线路构成谐波源另一个流通路径。接地极线路作为两极谐波源的共同通路，由于两极直流电压对称，流经其谐波电流为正负极单独运行产生的谐波电流之差。正负极直流线路上的谐波含量由相应极整流站和逆变站确定，接地极线路上谐波含量由相应站内的正负极换流器确定。

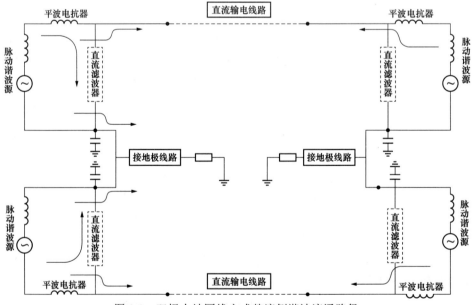

图 2-2　双极大地回线方式整流侧谐波流通路径

接地极线路作为引流线路，不同于一般的交直流输电线路，其长度较短、阻抗较小，其流通的电流主要是直流电流，但也含有大量谐波分量。在本文所介绍的模型中，流通接地极线路的谐波分量以特征谐波分量为主，非特征谐波含量较少。随着直流系统运行方式的复杂多变，流经接地极线路电流的变化较大。

三、单线接地故障时运行特性

为了保持接地极线路杆塔受力平衡，一般将两根导线对称布置在杆塔两侧，由于两引出线电流大小相等、极性相同，且相间无电压，所以只需考虑接地极线路的单线接地故障。接地极系统正常运行时经极址处于良好接地，当发生单线接地故障时，接地极线路将处于两点接地状态，系统不平衡电流将在极址和故障点之间分布。下面分析接地极线路发生单线接地故障时不平衡电流的流通路径。

接地极线路 l_2 发生金属性接地故障，即过渡电阻小于极址电阻，其电流分布如图 2-3 所示。非故障线路 l_1 的电流 i_1 将在极址 N 处分流，经极址 G 和故障点 F 流入大地；而故障线路 l_2 的电流 i_2 全部在故障点 F 处流入大地，此时故障点电压为全线电压最小值。接地极线路 l_2 发生高阻接地故障，即故障过渡电阻大于极址电阻，其电流分布如图 2-4 所示。故障线路 l_2 电流 i_2 将在故障点 F 处分流，经故障点 F 和极址 G 流入大地，非故障线路 l_1 电路的电流 i_1 全部在经极址流入大地，此时极址处电压为全线电压最小值。

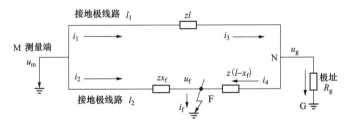

图 2-3　金属性接地故障电流分布图

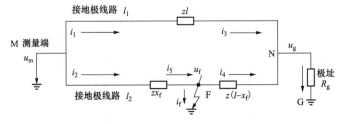

图 2-4　高阻接地故障电流分布图

在图 2-3 和图 2-4 中，u_m 为测量端电压，i_1、i_2 为接地极线路两出线电流，i_3、i_4 为两出线在极址处的注入电流，u_g 为极址处电压，u_f 为故障点电压，i_f 为故障点电流，R_g 为极址电阻，x_f 为故障点到测量端的距离，z 为接地极线路单位长度电阻，l 为接地极线路从测量端到极址的距离。

四、单线断线故障时运行特性

接地极线路两出线同时断线的概率远小于发生单线断线故障的概率，本节主要讨论发生单线断线故障时各特征量变化特征。当接地极线路发生单线断线故障时，故障线路的电流为零，系统不平衡电流经非故障线路在极址点处流入大地，线路总阻抗增加，中性线母线电压略微升高。

第三节　接地极线路运行仿真分析

第二节从理论上分析了流通接地极线路的谐波特性及发生接地极线路单线短路、断线故障的故障特征，本节以直流系统在单极大地回线、双极大地回线方式运行下仿真接地极线路的电气特性。

一、仿真建模

采用 PSCAD/EMTDC（Power Systems Computer Aided Design/Electro Magnetic Transient in DC System）软件建立高压直流输电系统接地极线路仿真模型。PSCAD/EMTDC 是目前世界上在电力系统领域中非常常见的一种电磁暂态仿真软件。它在建立电力系统模型、仿真电力系统的各种运行状态中发挥着巨大作用，目前在高校电力实验室中的应用非常广泛。PSCAD 可以为用户提供一个功能强大并且能与各种电力元件完全集合的绘图界面。用户通过这个界面可以根据实际电力系统的实际运行状况设计逼真的仿真系统。例如，用户可以很容易调用各种电源、变压器、输电线路、断路器等电力元件并根据工程实践设计其参数，通过各种电力元件的连接而组成一个模拟电力系统；可以在建立的仿真模型中仿真电力系统故障时表现出的各种暂态过程。当实际需要某一个模型时，如果元件库中不存在，我们也可以采用 Fortran 语言进行编写。模型的仿真结果将为用户提供图表和数据，用户从仿真界面上可以直观地看到各种仿真结果，并且可以很容易将仿真数据导出到其他软件（如 MATLAB）中进行处理。

PSCAD/EMTDC 除能很方便地进行电力系统时域和频域的计算仿真外，还可以广泛应用于高压直流输电、FACTS 元件控制器的设计、电力系统谐波分析、电力电子领域的仿真计算等。其中，以 PSCAD/EMTDC 仿真软件为软件平台的直流输电数字仿真系统是分析和研究直流输电系统保护控制方式和故障测距方法等问题的有力工具。

利用 PSCAD/EMTDC 仿真软件搭建 ±800kV 含接地极引出线（即直流接地极线路）的高压直流输电系统仿真模型如图 2-5 所示。

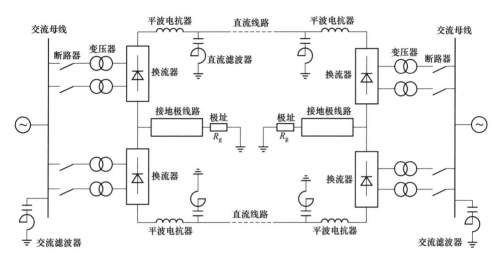

图 2-5　±800kV 含接地极引出线的高压直流输电系统仿真模型

参照 ±800kV 云广高压直流输电工程的系统参数，其送电容量为 5000MW，整流侧和逆变侧的无功补偿容量分别为 3000Mvar 和 3040Mvar；每极换流单元由两个 12 脉冲换流器串联组成。直流输电线路同塔架设，采用六分裂导线。线路两侧装有 400mH 的平波电抗器；直流滤波器为 12/24/36 三调谐滤波器。

在仿真模型中，接地极线路采用 J. Marti 频变参数模型。本文以楚雄换流站接地极线路为背景，根据现场情况可知，目前 ±800kV 云广特高压直流输电工程中，其楚雄换流站接地极线路采用同塔双回架空二分裂导线，导线型号为 2×LGJ－630/45，导线直流电阻为 0.023165Ω/km，极址电阻约为 0.2Ω。接地极引出线路参数如下：$R=0.0231\Omega/km$；$L=1.273237mH/km$；$C=1.04\times10^{-8}F/km$。为简化计算，设接地极引出线路全长 80km。由于目前接地极线路现场录波数据的采样频率为 6.4kHz，故本文中所有仿真都采用 6.4kHz 采样频率。接地极线路杆塔采用 1A-ZM1 型杆塔，根据 1A-ZM1 型杆塔参数，在 PSCAD 中建立的接地极线路的仿真杆塔模型如图 2-6 所示。

根据前面介绍的 ±800kV 直流输电系统 PSCAD/EMTDC 模型，仿真接地极线路正常运行、发生接地故障及断线故障的电气特性。仿真条件如下：设定直流输电系统在交流母线电压无畸变，换流阀、换流变压器及控制参量完全对称，采样频率为 20kHz。模型从启动到达到稳态运行需要 6s，为了确保模型达到稳态，仿真试验均在 8s 后进行。

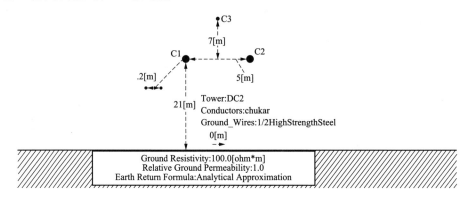

图 2-6　接地极线路的仿真杆塔模型

二、正常运行时仿真分析

直流系统以单极大地回线方式运行，闭锁极 2，选择极 1 大地回线，控制方式为单极功率控制，电压水平选择全压运行，输送功率为 900MW。直流系统模型达到稳定状态后，整流侧换流站中性母线电压及接地极两出线电流的波形如图 2-7 所示。

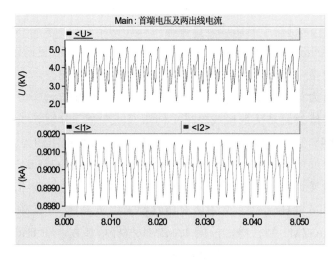

图 2-7　整流侧换流站中性母线电压及接地极两出线电流的波形（单极运行）

直流系统以双极大地回线方式运行，控制方式为双极功率控制，电压水平选择全压运行。由于在实际工程中总会存在参数微小不对称，正负两极输送功率不可能绝对平衡，仿真中设定 1%的不平衡度，即极 1 输送功率 900MW，极 2 输送功率 891MW。直流系统模型达到稳定状态后，整流侧换流站中性母线电压及接地极两出线电流的波形如图 2-8 所示。

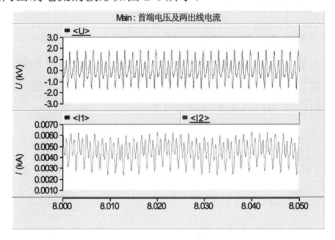

图 2-8　整流侧换流站中性母线电压及接地极两出线电流的波形（双极运行）

如图 2-7 所示，直流系统以单极大地回线方式运行时，接地极线路首端电压只有几千伏，实际上为入地电流在接地极及线路上的压降；两引出导线的电流均为 0.9kA，且极性相同，两出线间无电压差，同时也可以看出，电压、电流波形中除了直流分量外，还含有稳定的谐波分量。如图 2-8 所示，直流系统以双极大地回线方式运行时，接地极线路首端电压在 1kV 以下，两引出导线的电流只有几安培，小于额定电流的 1%。

采用单极大地回线方式仿真数据分析接地极线路首端电压、电流中的谐波特征。对采样的数据取平均值，滤除直流分量，然后采用傅立叶变换进行频谱分析，可得到首端电压和出线电流的频谱分布图，如图 2-9 所示。

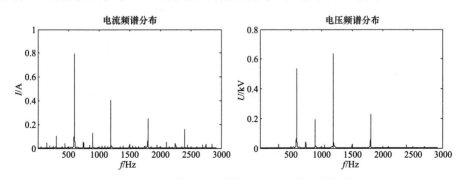

图 2-9　接地极线路首端电压电流频谱分布图

从频谱分布图可知，由于采用 12 脉动换流器，接地极线路首端电压、电流信号中 600Hz 和 1200Hz 特征谐波占主导地位，非特征谐波成分较少，可以利用主导特征谐波构建接地极线路测距方程。

三、接地故障仿真分析

采用直流模型单极大地回线运行方式的仿真环境，设接地极线路在 12.1s 时发生单线接地故障，故障位置设定在整流侧接地极线路 2 距首端 40km 处，故障类型为过渡电阻分别为 5Ω 和 0.1Ω 单线接地、单线断线故障及相间短路故障。故障电压和电流的仿真波形如图 2-10 所示。

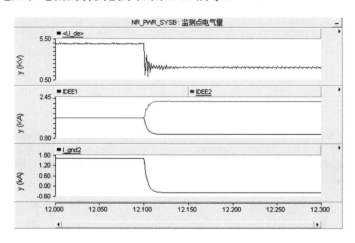

图 2-10　故障电压和电流的仿真波形（金属性接地故障）

为了判断故障线路电流在极址处的流向，监测接地极线路 I_2 在极址处的注入电流 I_{gnd2}。如图 2-10 所示，系统在单极大地回线运行方式下，接地极中性母线上的电压约为 4.85kV，且含有较为稳定的谐波分量，两出线电流大小相等，均为 1.6kA。发生金属性接地短路时，中性母线电压有较大幅度下降，故障线路电流大幅增加，非故障线路电流减小，故障线路在极址处的注入电流 I_{gnd2} 在发生故障后反向，由极址流向故障点，在接地极线路上形成局部回流。

如图 2-11 所示，发生高阻接地故障后，接地极中性母线电压经过短暂波动后略有降低；故障线路电流增大，并在极址处入地电流 I_{gnd2} 大于零，流向不变；非故障线路电流减小，沿极址流入大地。仿真波形与理论分析一致。

四、单线断线故障仿真分析

采用直流模型单极大地回线运行方式的仿真环境，设接地极线路在 12.1s

时发生单线断线故障，故障电压和电流的仿真波形如图 2-12 所示。

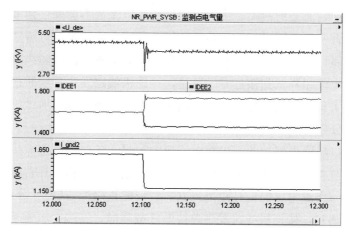

图 2-11　高阻接地故障波形图

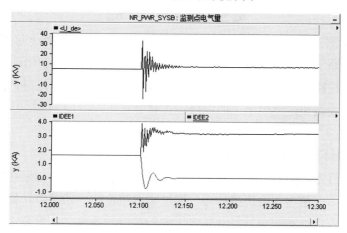

图 2-12　故障电压和电流的仿真波形（单线断线故障）

　　由图 2-12 可知，接地极线路 2 发生断线故障时，电流降为零，正常线路 1 电流经过短时波动稳定在 3.2kA，故障瞬间可在中性母线产生 30kV 的冲击过电压，经过振荡衰减后稳定在 8.6kV，高于线路正常运行电压。仿真波形与理论分析一致。

第四节　接地极线路故障识别

一、单线接地短路与断线故障辨别

　　接地极线路发生单线断线故障时，故障线路电流快速减少到接近于零，中性母线不平衡电流全部经由正常线路流入接地极。对于经一定阻值的过渡电阻或在线路中后端的接地故障，接地极两引出线电流都不会降低到零，与发生单线断线故障有明显差别，仅通过两种故障的故障电流波形即可辨别；但对于线路首端的金属性接地故障，中性母线不平衡电流基本经由故障线路流入大地，而正常线路电流却降低到接近零。可见，接地极线路发生单线断线故障时的电流波形与发生首端金属性接地故障时的电流波形比较相似，通过电流波形幅值大小难以区分。

当接地极线路出现一条引出线电流较大、另一条引出线电流接近于零这种情况时，本节首先假设发生的是断线故障，根据线路结构计算首端电压，再通过计算电压与实测电压的信号距离来判断假设的正确性，从而区分出故障类型。

根据图 2-12，接地极线路发生单线断线故障时，首端电压为不平衡电流在正常线路和接地极电阻上的压降，计算公式为

$$u_{m} = \max(i_{1}, i_{2}) \cdot (zl + R_{g}) \tag{2-3}$$

式中，u_{m} 为测量端电压；i_{1}、i_{2} 为接地极线路两边线电流；R_{g} 为接地极电阻；z 为接地极线路单位长度电阻；l 为接地极线路从测量端到极址的距离。

接地极线路在靠近首端发生金属性接地故障时，首端电压可近似为不平衡电流在故障线路和过渡电阻上的压降，计算公式为

$$u_{m} = \max(i_{1}, i_{2}) \cdot (zx_{f} + R_{f}) \tag{2-4}$$

式中，x_{f} 为故障点到测量端的距离；R_{f} 为接地极电距。

相对信号距离是反映两个特征信号在变化率与幅值大小相近性的概念。在仿真中采样的实测电压为离散信号，通过实测电流和线路参数计算电压，在相同时间区间内计算实测电压与计算电压的相对信号距离，计算公式为

$$\Delta h = \sum_{i=1}^{N} \left(\frac{|u(i) - u_{c}(i)|}{|u(i)| + |u_{c}(i)|} \right) \tag{2-5}$$

式中，Δh 为相对信号距离；N 为数据长度；$u(i)$ 为实测电压序列；$u_{c}(i)$ 为通过式 (2-3) 计算的电压。

相对信号距离 Δh 的取值在 [0，1] 范围内，当 Δh 接近于 0 时，表明计算电压与实测电压相似；当 Δh 接近于 1 时，表明计算电压与实测电压差别较大。为了明确判断接地极线路故障类型，实测电压与计算电压的信号距离整定值 Δh_{set} 为

$$c_{a} \max \Delta h_{m} < \Delta h_{set} < c_{b} \min \Delta h_{n} \tag{2-6}$$

式中，$\min \Delta h_{n}$ 为接地极线路发生单线接地故障时相对信号距离的最小值，经大

量不同仿真计算得 $\min\Delta h_n = 0.85$；$\min\Delta h_m$ 为接地极线路正常运行、区外故障或单线断线故障时相对信号距离的最大值，经大量不同仿真计算得 $\max\Delta h_m = 0.35$；c_a、c_b 为裕度系数，考虑到各种干扰信号的影响，裕度系数 $c_a = 1.4$、$c_b = 0.6$。

采用以上设定计算相对信号整定值 $\Delta h_{set} = 0.5$。

提取图 2-12 的电压波形数据，代入式 2-3 计算相对信号距离为 0.76，数值较大，说明两个信号较为不一致，所以故障类型为单线接地故障；提取图 2-12 的电流波形数据，代入式（2-5）计算相对信号距离为 0.06，数值比较小，说明两个信号比较相近，所以故障类型为单线断线故障。本节提出的故障电压相对信号距离能可靠区分前端金属性接地故障与断线故障，避免因错误判断故障类型而导致故障测距失败。

二、高阻接地故障的识别与保护动作验证

接地极线路经过的地区多为山区，在南方多雨的季节运行时很容易遭受雷击。因为电压等级低，接地极线路主要遭受感应雷。接地极线路在遭受雷击后，容易在绝缘薄弱处发生对地或树枝放电，而这些故障一般不是金属性接地故障。若接地极线路对树枝放电或因为山火而发生故障，这些故障一般是高阻接地故障。线路发生高阻接地故障时，若不及时识别并可靠隔离，电力系统会发生更大的事故。接地极线路发生高阻接地故障时，尤其是在极址附近发生高阻故障时，测量端电气量包含的故障信息不明显，常规的接地极线路保护（电流不平衡保护、过电压保护）将难以检测到线路故障。

1. 高阻接地故障的识别

经验表明，识别高阻接地故障时，采用单一电气量将导致可靠性不高，一般需综合多个电气量。

接地极线路发生高阻接地故障时，测量端的电压、电流突变量不大。两条出线上的差流也很小，比电流不平衡保护整定值小得多，不能启动不平衡保护。但是高阻故障后，测量端电气量所含的高频成分会明显比正常时增多，同时两条出线上差流的突变量将增大。这些特性都可以作为识别高阻接地故障的重要依据。

若接地极线路 50km 处经 5Ω 过渡电阻发生接地故障，则通过仿真得到其差流变化情况如图 2-13 所示。

从图 2-13 看出，在线路正常运行时，两条出线差流变化率很小，在发生高阻接地故障后，差流变化率突然增大，并持续很大。

同时，对接地极出线电流进行小波分解，得到其能谱图如图 2-14 所示。

在图 2-14 中，高频频带 1～3 依次表示频率范围为 1600～3200Hz、800～1600Hz、400～800Hz，频带 4～16 为低频成分。

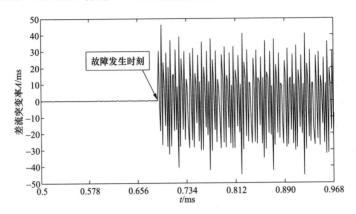

图 2-13　高阻接地故障差流变化情况

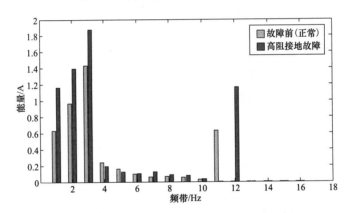

图 2-14　高阻接地故障电流小波分解的能谱图

经计算：发生高阻接地故障时，高频段能量之和为 4.53A；而线路正常运行时，高频段能量之和为 3.03A。显然，发生高阻接地故障时的高频能量比正常运行时大。

根据以上推导，得到基于两条出线差流突变量的启动判据为

$$\frac{\Delta(i_{de1} - i_{de2})}{\Delta t} > I_{set} \qquad (2\text{-}7)$$

其中：

$$\frac{\Delta(i_{de1} - i_{de2})}{\Delta t} = \frac{\left|[i_{de1}(t_1) - i_{de2}(t_1)] - [i_{de1}(t_2) - i_{de2}(t_2)]\right|}{|t_1 - t_2|} \qquad (2\text{-}8)$$

根据仿真结果，可以设 I_{set}=20A/ms。

基于高频成分能量突变量的启动判据为

$$\frac{\Delta E}{\Delta t} > E_{set} \qquad (2-9)$$

其中

$$\frac{\Delta E}{\Delta t} = \frac{\left| \sum E_{(t_1,t_2)} - \sum E_{(t_3,t_4)} \right|}{|t_1 - t_3|} > E_{set} \qquad (2-10)$$

式中，$\sum E_{(t_1,t_2)}$ 表示在 $t_1 \sim t_2$ 时间内的高频能量之和；$\sum E_{(t_3,t_4)}$ 表示在 $t_3 \sim t_4$ 时间内的高频能量之和，$|t_2 - t_1| = |t_4 - t_3|$。

若高频能量是每隔 5ms 比较一次，根据仿真结果，则设 $E_{set}=0.25$A/ms。为避免线路干扰，可以通过设计一定延时避开线路干扰。

为实现可靠又灵敏地启动对高阻接地故障的保护，现综合差流突变量的启动判据和高频能量突变量的启动判据，如表 2-1 所示。

表 2-1　　　　　　　　接地极线路高阻识别判据

门槛值	动作延时/ms	动作后果
$\frac{\Delta(i_{de1}-i_{de2})}{\Delta t} > I_{set}$, $\frac{\Delta E}{\Delta t} > E_{set}$	300	合上高速接地开关
$\frac{\Delta(i_{de1}-i_{de2})}{\Delta t} < I_{set}$, $\frac{\Delta E}{\Delta t} < E_{set}$	100	不动作，延时后继续判断
$\frac{\Delta(i_{de1}-i_{de2})}{\Delta t} > I_{set}$, $\frac{\Delta E}{\Delta t} < E_{set}$	500	闭锁相应极，合上高速接地开关
$\frac{\Delta(i_{de1}-i_{de2})}{\Delta t} < I_{set}$, $\frac{\Delta E}{\Delta t} > E_{set}$	500	闭锁相应极，合上高速接地开关

下面讨论直流线路极Ⅰ、极Ⅱ功率不平衡程度对识别高阻故障的影响，当距离换流站 50km 处发生接地故障，过渡电阻 5Ω。直流线路极Ⅰ、极Ⅱ不同输送功率对高阻故障识别的影响如表 2-2 所示。

表 2-2　　　　　极Ⅰ、极Ⅱ不同输送功率对高阻故障识别的影响

故障距离/km	极Ⅰ输送功率/pu	极Ⅱ输送功率/pu	差流突变量 A/ms	高频成分能量突变量	是否识别为故障
50	0.90	1.03	33.59	0.325	是
	1.03	0.9	32.86	0.316	是
	0.98	1.01	30.57	0.295	是

故障距离/km	极Ⅰ输送功率/pu	极Ⅱ输送功率/pu	差流突变量 A/ms	高频成分能量突变量	是否识别为故障
50	1.01	0.98	29.45	0.296	是
	0.995	1.001	28.96	0.285	是
	1.001	0.995	26.95	0.289	是
	0.986	0.995	27.65	0.291	是
	1.001	1.01	26.84	0.279	是

通过仿真发现，双极输送功率差额对高阻故障识别的影响很小。双极输送功率差额很小时，突变量会有时减少，但减少不多，依然可以实现对高阻接地故障的识别。

2. 保护动作验证

目前，在直流输电工程现场，接地极线路配置的保护主要有接地极线路不平衡保护（60EL）、接地极线路过电压保护（59EL）、接地极线路过电流保护（76EL）、接地极母线差动保护（87EB）、站内接地网过电流保护（76SG）等。

接地极线路不平衡保护（60EL）是根据直流系统双极不平衡运行时，接地极双导线电流出现一定的差流构成保护判据。接地极线路不平衡保护主要用来检测接地极线路的断线和接地故障。

接地极线路过电压保护（59EL）主要通过检测本极直流中性母线上的分压器测得的直流中性母线电压 U_{dN} 的大小来判断接地极是否发生断线故障。接地极线路过电压保护的工作原理如下：测量极中性母线对地电压，若其值大于保护阈值并持续一定时间，则启动过电压保护（59EL）。

接地极线路过电流保护（76EL）用于检测接地极引线过电流。

接地极母线差动保护主要用来检测直流接地极引线上的接地故障。

站内接地网过电流保护主要用来检测站接地网或金属回线过电流。

在高压直流输电工程实际运行中，这些保护的工作性能比较良好，但也多次发生接地极线路保护误动或拒动的情况，因此需要对直流接地极线路保护的可靠性、选择性、灵敏性等进行深入研究。

为了结合实际深入研究接地极线路保护的动作特性，以下对历史上接地极线路保护动作进行分析。

故障案例 1：2007 年 6 月 8 日晚 22 时 4 分，±500kV 天广直流输电系统在以单极大地方式运行期间，整流侧天生桥换流站接地极电流不平衡保护（60EL）

动作，闭锁极 1。其实际故障录波波形如图 2-15 所示。

在图 2-15 所示的录波波形中，0.5s 时刻为保护动作时间，在保护动作之前是故障电流波形，可以很明显地看出保护动作之前流过两条接地极线路的电流有较大差异，接地极线路 1 中的电流约为 400A，而接地极线路 2 中的电流约为 300A，差流达到 100A，超过了天广接地极电流不平衡保护（60EL）的保护定值 90A，经 500 ms 延时后闭锁极 1，说明这次为正确动作。

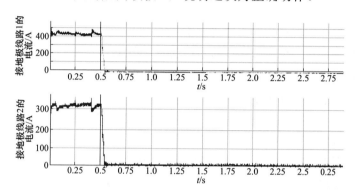

图 2-15 天广直流接地极线路不平衡保护动作接地极线路电流的故障录波波形

故障案例 2：2012 年 4 月 27 日晚 19 时 50 分，深圳换流站极 1 闭锁。以下就这次事故中宝安站接地极电流不平衡保护动作跳闸接地极故障录波波形进行分析，其故障录波波形如图 2-16 所示。

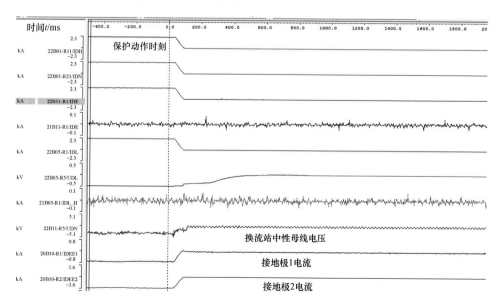

图 2-16 宝安站接地极电流不平衡保护动作跳闸接地极故障录波波形

提取不平衡保护动作跳闸前的实测故障录波数据，经处理得到：

接地极引线 1 的电流，直流分量 I_{de1} = -0.72972kA；600Hz 谐波分量 $\hat{I}_{de1}$ = 4.07342×10^{-5}kA；

接地极引线 2 的电流，直流分量 I_{de2} = -1.49430kA；600Hz 谐波分量 $\hat{I}_{de2}$ = 8.88718×10^{-5}kA；

换流站中性母线电压，直流分量 $\dot{U}_M$ = -3.288848kV；600Hz 谐波分量 $\hat{U}_M$ = 0.0030076983kV。

深圳换流站接地极电流平衡保护原理：

（1）$|I_{de1} - I_{de2}| > 120$A，max（$I_{de1}$，$I_{de2}$）$> 550$，$T$ = 2500ms。

（2）$|I_{de1} - I_{de2}| > 22.5$A，max（$I_{de1}$，$I_{de2}$）$< 550$，$T$ = 2500ms。

其中，T 为计算时间窗口。

由于 $\dot{I}_{de1} - \dot{I}_{de2}$ = 764.58A，符合不平衡保护动作跳闸条件，所以保护是正确动作。

故障案例 3：2008 年 07 月 28 日，兴安直流系统兴仁换流站接地极线路不平衡保护（60EL）动作，启动极闭锁，闭锁直流极。

兴仁换流站接地极电流平衡保护原理：

（1）$|I_{de1} - I_{de2}| > 120$A，max（$I_{de1}$，$I_{de2}$）$> 550$，$T$=2500ms。

（2）$|I_{de1} - I_{de2}| > 22.5$A，max（$I_{de1}$，$I_{de2}$）$< 550$，$T$=2500ms。

动作结果：闭锁相应极。其不平衡保护动作录波波形如图 2-17 所示。

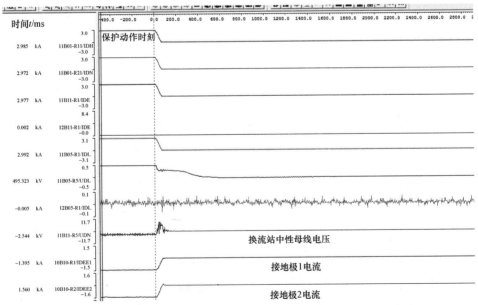

图 2-17　兴仁换流站接地极电流不平衡保护（60EL）动作录波波形

从故障录波波形看，在故障时段内，极 I 的 I_{de1} 电流为 −1378A 左右，I_{de2} 电流为 −1560A 左右；两者之间的差值始终大于 120A 的定值，达到保护延时（2500ms）后，接地极电流不平衡保护（60EL-1）动作出口，60EL 保护正确动作。I_{de2} 的电流大于 I_{de1} 的电流，故障点应位于线路分支 2 上（对应线路的左塔）。

为了更深入研究实测故障录波波形中的故障信息，现提取不平衡保护动作跳闸前的实测故障录波数据，经处理得到：

接地极引线 1 的电流，直流分量 I_{de1} = −1.40081kA；600Hz 谐波分量 $\hat{I}_{de1}$ = 3.575229×10^{-4}kA。

接地极引线 2 的电流，直流分量 I_{de2} = −1.580987kA；600Hz 谐波分量 $\hat{I}_{de2}$ = 3.02922123×10^{-4}kA。

换流站中性母线电压，直流分量 $\hat{U}_{M}$ = −3.1325855kV；600Hz 谐波分量 $\hat{U}_{M}$ = 0.0076351kV。

由于 $\dot{I}_{de1} - \dot{I}_{de2}$ =180.177A，符合不平衡保护动作跳闸条件，所以保护是正确动作。

通过以上案例发现不平衡保护动作可靠性比较高。

本 章 小 结

本章首先介绍了接地极系统的设计要求，对接地极线路截面的选择、防雷保护、杆塔及接地极进行说明，接着分析直流系统特征谐波的流通路径，对接地极线路运行特性及故障特性开展理论分析；介绍了直流系统 PSCAD 仿真模型，并参照南网某直流工程参数建立接地极线路杆塔模型；由于接地极线路的特殊性，当发生金属性接地故障时，沿线电压最小处为故障点，当过渡电阻大于极址电阻时，接地极处电压为全线电压最小值，并仿真验证理论分析的正确性；针对接地极线路发生单线前端金属性故障与断线故障时两出线电流波形比较相似，仅由电流波形无法辨别这两种故障，本章提出首端电压的相对信号距离，依据接地故障与断线故障相对信号距离的不同辨别故障类型，仿真结果表明，采用电压相对信号距离能可靠区分这两种故障；最后探究接地极线路高阻接地故障的识别方法，提出差流突变量和高频能量突变量的启动判据，通过仿真验证该判据可有效识别高阻接地故障，且具有比较高的可靠性和灵敏性。

第二部分　基于故障录波数据的接地极
　　　　　线路故障测距技术

第三章　接地极线路参数模型与故障特征分析

　　故障分析法其实就是利用线路故障后的某些特征列写测距方程，再采用测量端电气量求解故障距离的方法。第二章分析了接地极线路的运行特性和故障特征，本章介绍接地极线路的集中参数模型和贝杰龙参数模型，并推导沿线电压、电流表达式，对此分析接地极线路发生单线接地故障的故障特征及特征量提取方法，为研究基于测量端电压、电流量构造接地极线路的故障测距算法做铺垫。

第一节　接地极线路参数模型

一、集中参数模型

　　现在线路常见的集中参数模型有 R-L 模型、π 模型和 T 模型。R-L 模型将线路等效成电阻和电抗的串联线路，忽略电纳与电导的影响，是最简单的线路等值模型，如图 3-1 所示。其中，$Z = (r + \mathrm{j}x)l$，r、x 分别为单位长度电阻、电抗，l 为线路长度。

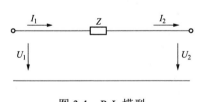

图 3-1　R-L 模型

　　由图 3-1 可得，R-L 模型的线路始末端的相量方程为

$$\begin{bmatrix} \dot{U}_1 \\ \dot{I}_1 \end{bmatrix} = \begin{bmatrix} 1 & Z \\ 0 & 1 \end{bmatrix} \begin{bmatrix} \dot{U}_2 \\ \dot{I}_2 \end{bmatrix} \tag{3-1}$$

π 模型和 T 模型考虑线路电阻、电抗和电容，忽略线路电导的影响。其中，π 模型将线路阻抗集中在中间，导纳分成两半，分别并联在线路始末端，如图 3-2 所示；T 模型将线路导纳集中在中间，线路阻抗分成两半，串联在线路始末端，如图 3-3 所示。其中，$\dot{U}_1$、$\dot{I}_1$ 分别为首端电压、电流；$\dot{U}_2$、$\dot{I}_2$ 分别为末端电压、电流；Z 为线路阻抗；$Y = \mathrm{j}bl$，b 为单位长度电纳。

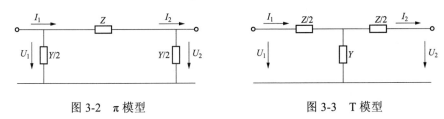

图 3-2　π 模型　　　　　　　　图 3-3　T 模型

由图 3-2 分析计算可得，π 模型线路始末端的相量方程为

$$\begin{bmatrix} \dot{U}_1 \\ \dot{I}_1 \end{bmatrix} = \begin{bmatrix} \dfrac{ZY}{2}+1 & Z \\ Y\left(\dfrac{ZY}{2}+1\right) & \dfrac{ZY}{2}+1 \end{bmatrix} \begin{bmatrix} \dot{U}_2 \\ \dot{I}_2 \end{bmatrix} \tag{3-2}$$

由图 3-3 分析计算可得，T 模型线路始末端的相量方程为

$$\begin{bmatrix} \dot{U}_1 \\ \dot{I}_1 \end{bmatrix} = \begin{bmatrix} \dfrac{ZY}{2}+1 & Z\left(\dfrac{ZY}{4}+1\right) \\ Y & \dfrac{ZY}{2}+1 \end{bmatrix} \begin{bmatrix} \dot{U}_2 \\ \dot{I}_2 \end{bmatrix} \tag{3-3}$$

以上介绍了三种集中参数模型，并推导了线路始末端的相量方程。接地极线路长度一般为几十到一百多千米，可以采用集中参数模型等效。

二、贝杰龙参数模型

对于单根线路，贝杰龙参数模型将一段均匀有损传输线分成两段均匀无损传输线，每段线路电阻分别集中到线路两侧，如图 3-4 所示。贝杰龙参数模型用分布参数表征电感、电容，体现线路的分布特性，用集中参数表征线路电阻，体现线路能量的损耗。

$$m\,\circ\!\!-\!\!\boxed{rl/4}\!-\!\overset{k_1}{\bullet}\!-\!\boxed{\quad l/2 \quad}\!-\!\overset{h_1}{\bullet}\!-\!\boxed{rl/2}\!-\!\overset{k_2}{\bullet}\!-\!\boxed{\quad l/2 \quad}\!-\!\overset{h_2}{\bullet}\!-\!\boxed{rl/4}\!-\!\circ\,n$$

图 3-4　贝杰龙参数模型线路图

在图 3-4 中，l 为线路长度，r 为线路单位长度电阻，$k_1 - h_1$ 和 $k_2 - h_2$ 为均匀无损传输线。无损传输线可用如下微分方程表示

$$\begin{cases} -(\partial u / \partial x) = L(\partial i / \partial t) \\ -(\partial i / \partial x) = C(\partial u / \partial t) \end{cases} \tag{3-4}$$

式中，L 和 C 为线路单位长度电感和电容。

由上述方程可以看出，线路电压、电流变量是空间坐标 x 和时间 t 的函数。

对于无损线路，微分方程解的时域表达式为

$$\begin{cases} u(x,t) + Z_c i(x,t) = 2u_{k1}\left(t - \dfrac{x}{v}\right) \\ u(x,t) - Z_c i(x,t) = 2u_{h1}\left(t + \dfrac{x}{v}\right) \end{cases} \tag{3-5}$$

式中，$u(x, t)$ 为沿线电压；Z_c 为线路波阻。

由式（3-5）可见，当 $\left(t - \dfrac{x}{v}\right)$ 为常数时，$u + Z_c i$ 为恒定值，表明当某一观测者朝正方向以速度 v 沿线前进时，根据在他的位置所观测到的 u、i 的值计算得到的 $u + Z_c i$ 恒为 $2u_{k1}\left(t - \dfrac{x}{v}\right)$。对于观测者而言，$\left(t - \dfrac{x}{v}\right)$ 是定值。因此，观测者在线路首端所观测到的 $u + Z_c i$ 的值，应等于观测者以速度 v 沿线前进到达线路末端时所观测到的 $u + Z_c i$ 的值。显然线路首末观测点的时间差为行波沿全线传播所需的时间 τ。

假如一观测者在时刻 $t-\tau$ 从 k_1 端出发，在 t 时刻到达 h_1 端，则下式成立。

$$u_{k1}(t-\tau) + Z_c i_{k1}(t-\tau) = u_{h1}(t) - Z_c i_{h1}(t) \tag{3-6}$$

式中，$i_n(t)$ 的方向为线路末端指向线路始端。

故有

$$i_{h1}(t) = \frac{1}{Z_c} u_{h1}(t) + I_{h1}(t-\tau) \tag{3-7}$$

其中

$$I_{h1}(t-\tau) = -\frac{1}{Z_c} u_{k1}(t-\tau) - i_{k1}(t-\tau) \tag{3-8}$$

同理可得

$$i_{k1}(t) = \frac{1}{Z_c} u_{k1}(t) + I_{k1}(t-\tau) \tag{3-9}$$

其中

$$I_{k1}(t-\tau) = -\frac{1}{Z_c} u_{h1}(t-\tau) - i_{h1}(t-\tau) \tag{3-10}$$

由以上可得，无损线路等效电路如图 3-5 所示。

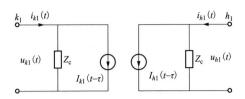

图 3-5　无损线路等效电路图

贝杰龙等效模型无损传输线具有三个特点：①传输线首端节点 k_1、h_1 是分开的；②它包含定电流源 $I_{k1}(t-\tau)$ 和 $I_{h1}(t-\tau)$；定电流源值可用 τ 秒前的电流、电压值计算得到。

所以，对于均匀无损传输线，用首端 k 电气量表示沿线电压、电流分布的表达式为

$$u(x,t)=[u_k(t+x/v)-i_k(t+x/v)\cdot Z_c]/2+[u_k(t-x/v)+i_k(t-x/v)\cdot Z_c]/2 \quad (3\text{-}11)$$

$$i(x,t)=[u_k(t+x/v)-i_k(t+x/v)\cdot Z_c]/2Z_c-[u_k(t-x/v)+i_k(t-x/v)\cdot Z_c]/2Z_c \quad (3\text{-}12)$$

式中，x 为沿线任一点到首端 k 的距离。

将图 3-4 与图 3-5 结合起来，贝杰龙时域等效模型如图 3-6 所示。

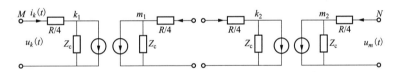

图 3-6　贝杰龙时域等效模型图

由式（3-11）、式（3-12）与图 3-6 可得

$$u(x,t)=\frac{1}{2}\left(\frac{Z_c+rx/4}{Z_c}\right)^2[u_k(t+x/v)-i_k(t+x/v)\cdot(Z_c+rx/4)]+\frac{1}{2}\left(\frac{Z_c-rx/4}{Z_c}\right)^2$$

$$[u_k(t-x/v)+i_k(t-x/v)\cdot(Z_c-rx/4)]-Z_c^2\cdot u_k(t) \quad (3\text{-}13)$$

$$-\frac{rx}{4}\left(\frac{Z_c+rx/4}{Z_c}\right)\cdot\left(\frac{Z_c-rx/4}{Z_c}\right)i_k(t)$$

$$i(x,t)=\frac{1}{2Z_c}\left(\frac{Z_c+rx/4}{Z_c}\right)[u_k(t+x/v)-i_k(t+x/v)\cdot(Z_c+rx/4)]-\frac{1}{2Z_c}\left(\frac{Z_c-rx/4}{Z_c}\right)$$

$$\cdot[u_k(t-x/v)+i_k(t-x/v)\cdot(Z_c-rx/4)]$$

$$-\frac{1}{2Z_c}\cdot\frac{rx}{2Z_c}\cdot[u_k(t)-i_k(t)(rx/4)]$$

$$(3\text{-}14)$$

以上就是根据贝杰龙参数模型计算沿线任意时刻的电压、电流分布公式。

第二节 接地极线路故障特征分析

利用故障分析法进行故障测距即根据测量端电压、电流和短路后线路结构变化特征列写测距方程，计算故障距离。第 2 章分析了接地极线路中除了流通直流量外，还有稳定的特征谐波量，采用数学方法提取测量端电气量的主导特征谐波分量，再根据特征谐波量在故障线路上的分布特征列测距函数。本节主要讨论接地极线路发生单线接地故障时的故障特征，为测距算法做铺垫。

一、阻抗法原理

接地极线路可以看作均匀的，采用集中参数模型等效，其线路阻抗与长度为正比例关系。因此，可利用数学方法提取接地极线路测量端电压、电流的直流分量或特征谐波分量，且消除过渡电阻的影响，得到测量端到故障点的线路阻抗，再结合线路参数求得故障距离。线路阻抗与距离成正比这一特征在距离保护和测距算法中得到广泛应用。阻抗法只需首端电压和故障线路电流即可求得故障距离。

二、过渡电阻的纯阻性

接地极线路运行电压为不平衡电流在线路和接地极上的压降，绝缘水平较低，且走廊多为荒野山区，易遭受雷击后发生弧光短路故障或经树枝等发生接地故障。接地电阻和弧光电阻都是纯电阻性质，不显感性或容性。根据过渡电阻的纯阻性可以构造故障测距函数，如全线仅有故障点的电压和故障电流相位差为零等故障特征。

三、故障点电压时时相等

接地极线路由两条等长的架空出线引出，在接地极处汇合。可以猜想，当某一引出线发生接地故障时，由非故障线路可计算接地极处电压、电流，再根据接地极的边界条件，可求得故障线路在接地极侧注入电流，从故障线路出线侧和接地极侧推算故障线路沿线电压，因为过渡电阻的分流作用，可知从两侧推算的沿线电压都只在该侧与故障点之间是真实的，超出故障点的线路电压是虚假的，所以两侧推算沿线电压有且仅在故障点处相等。

第三节 特征谐波提取方法

提取测量端电压、电流量的特征谐波分量可以用全波傅立叶算法和半波 Fourier 算法。全波 Fourier 算法需要一个周期的采样数据，滤波精度较高。半波 Fourier 算法只需半个周期的采样数据，但滤波效果不如全波 Fourier 算法，易受直流分量的影响。本文采用录波数据进行相关测距算法研究，对数据时窗没有特殊要求，所以选用滤波效果较好的全波 Fourier 算法。

采用全波 Fourier 算法对接地极线路测量特征量进行处理，提取测距计算所需要的直流分量和主导特征谐波分量。全波 Fourier 算法提取信号指定次谐波的实部和虚部的公式如下，对于连续信号，表达式为

$$\begin{cases} a_n = \dfrac{2}{T} \displaystyle\int_0^T u(t)\sin n\omega t\,\mathrm{d}t \\ b_n = \dfrac{2}{T} \displaystyle\int_0^T u(t)\cos n\omega t\,\mathrm{d}t \end{cases} \tag{3-15}$$

式中，$u(t)$ 为输入信号；T 为信号周期；$\omega = 2\pi / T$。

而实际采取的特征信号是离散的，全波 Fourier 公式离散化后为

$$\begin{cases} a_n = \dfrac{2}{N} \displaystyle\sum_{k=1}^{N} u_k \sin\left(nk \cdot \dfrac{2\pi}{N} \right) \\ b_n = \dfrac{2}{N} \displaystyle\sum_{k=1}^{N} u_k \cos\left(nk \cdot \dfrac{2\pi}{N} \right) \end{cases} \tag{3-16}$$

式中，u_k 为离散信号序列；N 为一个周期采样个数。

在故障暂态过程结束后，提取主导特征谐波一个周期的仿真数据，采用全波 Fourier 算法计算特征谐波的幅值和相角。全波 Fourier 算法的幅频特征如图 3-7 所示。

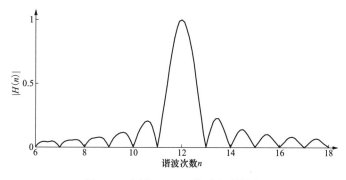

图 3-7 全波 Fourier 算法幅频特征

由图 3-7 可以看出，全波 Fourier 算法能完全滤除其他整次谐波，可有效抑制非整次谐波，满足测距算法对提取测量端电压、电流 12 次特征谐波的要求。

本 章 小 结

本章首先介绍了接地极线路的集中参数模型，如 R-L 模型、π 模型和 T 模型，并推导了线路首末端电气量的关系表达式；然后说明接地极线路的贝杰龙参数模型，并推出了分布参数线路任意点电压、电流的时域表达式，即由首端电压、电流可计算沿线任意点的电压；考虑接地极线路的特殊性，分析了线路发生单线接地故障的特征量，如接地极线路的线路阻抗与成正比于线路长度、故障点电压时时相等及接地电阻的纯阻性等；最后对后续测距算法采用的特征谐波提取方法进行说明，分析了全波 Fourier 算法提取特征谐波的效果。

第四章　接地极线路故障测距方法

　　目前接地极线路采用脉冲注入法进行故障定位，如 PEMO2000 装置，但是实际工程中，多次发生接地极线路故障测距装置无法定位的情况。为了提高测距可靠性，及时排除接地极线路故障，保障骨干电网稳定运行，现迫切需要一种新的测距方法来确定故障位置。基于现有暂态故障录波装置的故障测距可以克服脉注冲入法的不足，既能及时分析故障性质，保障测距的可靠性，又能减少现场运行维护人员分析故障录波的工作量，减少附加测距装置的投入。

　　接地极线路作为引流线路，跨越地形复杂，故障率高，查找故障点异常困难，所以提出准确的故障测距算法意义重大。故障测距的方法根据测距数据的来源可分为单端量法和双端量法。对于接地极线路，双端量法需在换流站和极址处分别安装测距装置。但由于极址通常位于偏远区域，无人值守，装置取电和维护极不便利，所以双端量法在实际工程中难以应用。在已投运直流工程中，接地极线路在换流站侧都装有电压、电流监测装置，开展单端量法故障测距较易实现，本章主要研究适应接地极线路故障测距的单端量法。

　　根据测距原理的不同，单端量法又可分为故障分析法和行波法，本文主要基于录波数据研究故障分析法对接地极线路故障测距的适应性。故障分析法是指在系统运行方式和线路参数都已知条件下，当线路发生故障时，测量端的电压、电流量是故障距离的函数，通过测量端电压和电流量的分析计算，求解故障距离的方法。本章主要研究阻抗法、电压法对接地极线路接地故障的适应性。

第一节　常规阻抗法基本原理与误差分析

　　阻抗法采用线路的集中参数模型，利用故障时线路测量端的电压、电流量的主导特征谐波分量计算回路阻抗，再根据线路阻抗与长度成正比，求得故障距离。下面以 T 模型为例说明常规阻抗法对接地极线路短路故障测距的适应性。

直流系统在以单极大地回线方式运行时，接地极线路中不仅流通直流分量，而且有稳定的谐波分量。接地极线路在换流站中性母线引出，其首端电压和两回出线电流是可测的，可以通过在线傅立叶扫描获得特征谐波分量幅值和相角。当接地极线路发生单线接地短路时，故障回路阻抗减小，流通电流升高，非故障线路电流相应地减小。若提取接地极故障线路首端电压和故障出线电流的主导特征谐波分量，由电压和电流谐波分量的比值得到故障线路的测量阻抗，再考虑到过渡电阻的纯阻性，根据测量阻抗的虚部和线路单位电抗的比值求得故障距离。接地极线路发生单线接地故障，其 T 型等效模型如图 4-1 所示，提取测量端电压、电流量主导谐波分量的测距算法如下。

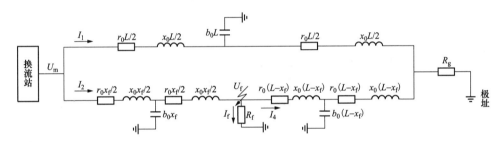

图 4-1　接地极线路 T 型等效模型

在图 4-1 中，$\dot{U}_m$、$\dot{I}_1$ 和 $\dot{I}_2$ 为测量端电压和两出线电流，$\dot{U}_T$ 和 $\dot{I}_T$ 为线路等效电容处电压和电流，$\dot{U}_f$、$\dot{I}_f$ 为故障电压和故障电流，r_0、x_0 和 b_0 分别为接地极线路单位长度电阻、电感和电导，R_f 和 R_g 分别为故障过渡电阻和极址电阻，L 为接地极线路长度，x_f 为故障点距线路首端距离。

从图 4-1 可以看出，测量端到故障点的输入阻抗为测量端到故障点的线路阻抗与过渡电阻之和，由阻抗的串并联关系可得，测量端至故障点的输入阻抗为

$$Z_{in} = \frac{\left(-j\dfrac{1}{b_0 x_f}\right)\left(R_f + j\dfrac{x_0 x_f}{2} + \dfrac{r_0 x_f}{2}\right)}{-j\dfrac{1}{b_0 x_f} + \left(R_f + j\dfrac{x_0 x_f}{2} + \dfrac{r_0 x_f}{2}\right)} + \left(j\dfrac{x_0 x_f}{2} + \dfrac{r_0 x_f}{2}\right) \qquad (4\text{-}1)$$

对于考虑线路分布电容的 T 型等效线路，根据首端测量电压和测量电流及线路结构存在如下关系

$$\begin{cases} \dot{U}_{\mathrm{f}} = \dot{I}_{\mathrm{f}} R_{\mathrm{f}} \\ \dot{U}_{\mathrm{T}} = \dot{U}_{\mathrm{f}} + (\dot{I}_{\mathrm{f}} + \dot{I}_4)\left(\dfrac{r_0 x_{\mathrm{f}} + \mathrm{j} x_0 x_{\mathrm{f}}}{2}\right) \\ \dot{U}_{\mathrm{m}} = \dot{I}_{\mathrm{m}}\left(\dfrac{r_0 x_{\mathrm{f}} + \mathrm{j} x_0 x_{\mathrm{f}}}{2}\right) + \dot{U}_{\mathrm{T}} \\ \dot{I}_2 = \dot{I}_{\mathrm{T}} + \dot{I}_{\mathrm{f}} + \dot{I}_4 \end{cases} \tag{4-2}$$

由式（4-2）推算故障线路测量阻抗公式为

$$Z_{\mathrm{m}} = \frac{\dot{U}_{\mathrm{m}}}{\dot{I}_2} = \frac{\left(-\mathrm{j}\dfrac{1}{b_0 x_{\mathrm{f}}} - R_{\mathrm{f}} \cdot \dfrac{\dot{I}_{\mathrm{f}}}{\dot{I}_2}\right) \cdot \dfrac{x_{\mathrm{f}}(r_0 + \mathrm{j} x_0)}{2}}{-\mathrm{j}\dfrac{1}{b_0 x_{\mathrm{f}}} + \dfrac{x_{\mathrm{f}}(r_0 + \mathrm{j} x_0)}{2}} + \frac{x_{\mathrm{f}}(r_0 + \mathrm{j} x_0)}{2} + \frac{\dot{I}_{\mathrm{f}}}{\dot{I}_2} R_{\mathrm{f}} \tag{4-3}$$

由式（4-3）可知，测量阻抗除了与故障距离、线路参数及过渡电阻有关外，还受故障电流与测量电流的相位关系的影响。根据常规阻抗法令输入阻抗与测量阻抗虚部相等求得故障距离，测距方程为

$$x_{\mathrm{f}} = \min\left|\mathrm{Im}(Z_{\mathrm{m}}(x)) - \mathrm{Im}(Z_{\mathrm{in}}(x))\right|, \ x \in (0, L) \tag{4-4}$$

式中，$I_{\mathrm{m}}(Z)$ 表示取复数 Z 的虚部。

由式（4-1）式（4-3）可以看出，当过渡电阻为零时，常规阻抗法在原理上无误差；当过渡电阻不为零时，故障点与接地极之间线路会有分流作用。由于过渡电阻为纯阻性，而线路参数含有感抗，$\dot{I}_{\mathrm{f}}$ 与 $\dot{I}_4$ 相位不相等，从而测量阻抗的虚部不是真实的线路电抗，受测量电流的影响。利用式（4-4）测距存在的误差为

$$\Delta D = \mathrm{Im}\left[\frac{\left(-\mathrm{j}\dfrac{1}{b_0 x_{\mathrm{f}}} - R_{\mathrm{f}} \cdot \dfrac{\dot{I}_{\mathrm{f}}}{\dot{I}_2}\right) \cdot \dfrac{x_{\mathrm{f}}(r_0 + \mathrm{j} x_0)}{2}}{-\mathrm{j}\dfrac{1}{b_0 x_{\mathrm{f}}} + \dfrac{x_{\mathrm{f}}(r_0 + \mathrm{j} x_0)}{2}} + \frac{\dot{I}_{\mathrm{f}}}{\dot{I}_2} R_{\mathrm{f}}\right] - \mathrm{Im}\left(\frac{\left(-\mathrm{j}\dfrac{1}{b_0 x_{\mathrm{f}}}\right)\left(R_{\mathrm{f}} + \dfrac{x_{\mathrm{f}}(r_0 + \mathrm{j} x_0)}{2}\right)}{-\mathrm{j}\dfrac{1}{b_0 x_{\mathrm{f}}} + \left(R_{\mathrm{f}} + \dfrac{x_{\mathrm{f}}(r_0 + \mathrm{j} x_0)}{2}\right)}\right)$$

$$\tag{4-5}$$

测距误差 ΔD 是过渡电阻、故障电流与测量电流比值及故障距离的函数。式（4-3）和式（4-5）是基于集中参数的 T 型模型得出的，依照同样的方法，也可推算出 L 型、π 模型集中参数的测距方程与测距误差。可见，接地极线路的常规阻抗法故障测距在原理上存在不足，当过渡电阻不为零时，测距结果在原理上不准确，且随着过渡电阻越大，测距结果的真实性越差。

第二节　基于谐波主导频率的单端测距法

利用故障电流中的主导谐波分量（$f = 600\text{Hz}$），由于极址电阻的特性，故障点下游靠近极址电阻侧的注入电流含有很少的主导谐波分量，其对故障电流的幅值和相位基本没有影响，即可认为故障电流的主导谐波分量全部来自于故障点上游测量端。因此，通过测量端获取的电压，电流主导谐波分量，基于线路的集中参数模型等效，可以得出故障点处的电压、电流主导谐波分量。考虑到故障点过渡电阻的纯阻性，将故障点处的电压主导谐波分量除以电流主导谐波分量，其商值虚部为零的关系构成测距方程，便可计算出故障距离。

一、常规阻抗法测距

在接地极引出的双回线路中，换流站中性母线电压和接地极线路首端电流是可测的，当其中一条线路发生接地故障时，由于其阻抗的减少，这条线路的电流将升高，另一条非故障线路电流将减少。若提取换流站中性母线电压及接地极故障线路电流的谐波分量，再将两者相比可得到接地极线路首端测量点到故障接地点之间的视入阻抗（忽略从故障点到极址接地点之间的分流），同时根据接地极线路的等效模型可以得知测量点至故障点的等效输入阻抗，利用视入阻抗与等效输入阻抗之间的关系，并考虑到故障接地电阻的特性，便可实现故障测距。

基于阻抗法，可将接地极线路进行四种等效模型处理，便形成了 R-L 等效模型阻抗法、π 型等效模型阻抗法、T 型等效模型阻抗法、分布参数等效模型阻抗法。

1. R-L 等效模型阻抗法

测距思想：从测量点至故障点的视入阻抗由线路电阻、线路电抗和故障过渡电阻组成，因故障过渡电阻不含电抗，故单位长度电抗与故障距离的乘积便是视入阻抗的全部电抗，所以故障距离等于视入阻抗中的电抗除以单位长度电抗。

由于直流接地极线路长度一般在 100km 左右，因此可用 R-L 模型来等效。图 4-2 为高压直流接地极线路 R-L 等效模型示意图。其中，U_m 为测量端电压；I_{de1}、I_{de2} 为接地极线路两出线电流；x_f 为故障点到测量端的距离；R_g 为接地极电阻；R_0 为接地极线路单位长度电阻；l 为接地极线路从测量端到极址的距离。若在 0.8s 时刻，接地极引线 2 上发生接地故障，故障过渡电阻为 0.2Ω。通过以下内容进行故障测距。

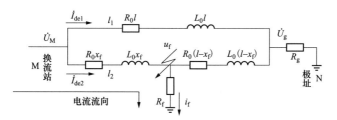

图 4-2 高压直流接地极线路 R-L 等效模型示意图

由测量端电压 U_M 和电流 I_{de2}，得到的测量阻抗 Z_{meas} 为

$$Z_{meas} = \frac{\dot{U}_M}{\dot{I}_{de2}} \tag{4-6}$$

从图 4-2 所示的等效电路图可以看出，从 M 端视入的等效阻抗 Z_{in} 为

$$Z_{in} = (R + j\omega L)x_f + R_f \tag{4-7}$$

$$\omega = 2\pi f \tag{4-8}$$

假设故障过渡阻抗为纯电阻，得到故障距离为

$$x_f = \frac{\mathrm{Im}(Z_{meas})}{\mathrm{Im}(Z_{in})} \tag{4-9}$$

一般可通过求取最小值来构建故障测距算法，即

$$x_f = \min(f(x) = |\mathrm{Im}(Z_{meas}) - \mathrm{Im}Z_{in}(x)|), \quad x \in [0,l] \tag{4-10}$$

为了验证该测距方法的适应性，下面针对不同故障距离、不同过渡电阻的情况进行测试，并利用式（4-9）和式（4-10）得到测距结果。现假设距离 M 端 30km，不同过渡电阻情况下的测距结果如表 4-1 所示。

表 4-1   R-L 等效模型阻抗法仿真测距结果

过渡电阻/Ω	测距结果/km	误差/km
0	29.4352	−0.5648
0.2	29.4397	−0.5603
1	29.4735	−0.5265
2	29.7959	−0.2041
4	30.2089	0.2089
6	30.7734	0.7734
8	31.4803	1.4803
10	32.3171	2.3171

续表

过渡电阻/Ω	测距结果/km	误差/km
12	33.2699	3.2699
14	34.3235	4.3235

不同故障距离、不同过渡电阻情况下的故障测距结果如表 4-2 所示。

表 4-2　　　　　　　R-L 等效模型阻抗法仿真测距结果

故障距离/km	过渡电阻/Ω	测量距离/km	误差/km	相对误差|R|/%
5	0.2	4.914	−0.086	−0.1075
	2	4.931	−0.069	−0.0862
	5	4.968	−0.032	−0.04
10	0.2	9.913	−0.087	−0.10875
	2	9.998	−0.002	−0.0025
	2	10.126	0.126	0.1575
20	0.2	19.805	−0.195	−0.24375
	2	19.8163	−0.1837	−0.22963
	5	20.0791	0.0791	0.098875
30	0.2	31.7856	1.7856	2.232
	2	31.829	1.829	2.28625
	5	31.837	1.837	2.29625
40	0.2	44.657	4.657	5.82125
	2	45.698	5.698	7.1225
	5	45.991	5.991	7.48875
50	0.2	60.055	10.055	12.56875
	2	60.120	10.120	12.65
	2	60.088	10.088	12.61
60	0.2	79.683	19.683	24.60375
	2	80.163	20.163	25.20375
	5	80.664	20.664	25.83
70	0.2	101.365	31.365	39.20625
	2	102.441	32.441	40.55125
	5	102.694	32.694	40.8675
75	0.2	124.670	49.670	62.0875
	2	125.961	50.961	63.70125
	5	127.259	52.259	65.32375

由表 4-1 和表 4-2 可知，采用 R-L 等效线路模型，没有考虑分布电容的影响，近端故障的测距精度较高，随着故障距离的增大，测距误差也增大，线路末端故障时，测距误差甚至大于 5%。

下面讨论不同数据时窗对测距结果精度的影响。假设距离 M 端 20km 处发生接地故障，故障发生于 0.8s 时刻，过渡电阻为 4Ω，极址电阻为 0.2Ω。采用不同数据时窗电压、电流量进行故障测距的结果如表 4-3 所示。

表 4-3　　　　　　　　　不同数据时窗的测距结果

故障距离/km	数据时窗/s	测量距离/km	误差/km
20	0.80～0.82	19.8551	0.1449
	0.85～0.87	19.8322	0.1678
	0.90～0.92	19.8163	0.1837
	0.95～0.97	19.8256	0.1744
	1.00～1.02	19.8393	0.1607
	1.05～1.07	19.8261	0.1739

由表 4-3 可知，数据时窗对测距结果没有影响。

算法评价：本次算法利用 6.4kHz 采样频率的数据进行故障定位，采样率和现场故障录波数据的采样率一样，易于现场实现。

2. π 型等效模型阻抗法

测距思想：基于测量端电压、电流谐波分量的提取，忽略故障点至极址点处的分流。利用测量端电压、电流可计算出测量端至故障点处的视入阻抗，同时根据线路的 π 等效模型可计算出测量端至故障点处的等效输入阻抗。考虑到故障过渡电阻的纯阻性，通过视入阻抗虚部与等效输入阻抗虚部相等构成测距方程，便可计算出故障距离。

图 4-3 为高压直流接地极线路 π 等效模型示意图。其中，$\dot{U}_M$、$\dot{I}_1$ 和 $\dot{I}_2$ 为测量端电压和两出线电流，$\dot{U}_f$、$\dot{I}_f$ 为故障电压和故障电流，R_0、L_0 和 C_0 分别为

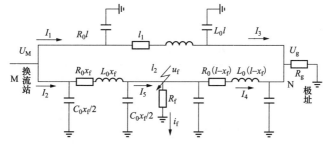

图 4-3　高压直流接地极线路 π 等效模型示意图

接地极线路单位长度电阻、电感和电容，R_f、R_g 分别为故障过渡电阻和极址电阻，l 为接地极线路长度，x_f 为故障点距线路首端距离。若在 0.8s 时刻，接地极引线 2 上发生接地故障，故障过渡电阻为 0.2Ω。通过以下内容进行故障测距。

测量端至故障点的测量阻抗为

$$Z_{meas} = \frac{\dot{U}_M}{\dot{I}_2} \tag{4-11}$$

从图 4-3 所示的等效电路图可以看出，从测量端到故障点的等效输入阻抗等于测量端到故障点的线路阻抗加上故障过渡电阻、由阻抗的串并联关系可得，从测量端看进去的故障线路等效输入阻抗为

$$Z_{in} = \frac{\left(\dfrac{-j2}{\omega C x_f}\right)\left(\dfrac{\dfrac{-j2R_f}{\omega C x_f}}{R_f + \dfrac{-j2}{\omega C x_f}} + j\omega L x_f + R x_f\right)}{\left(\dfrac{-j2}{\omega C x_f}\right) + \left(\dfrac{\dfrac{-j2R_f}{\omega C x_f}}{R_f + \dfrac{-j2}{\omega C x_f}} + j\omega L x_f + R x_f\right)} \tag{4-12}$$

其中，

$$\omega = 2\pi f \tag{4-13}$$

在故障点处，计算所得测量阻抗与故障线路等效视入阻抗相等。

故障定位函数为

$$x_f = \min\left|\text{Im}(Z_{meas}(x)) - \text{Im}(Z_{in}(x))\right|, \ x \in (0, \ l) \tag{4-14}$$

从 π 等效模型可以看出，故障点过渡电阻只影响等效输入阻抗的实部，故在以上搜索过程中，只需对故障距离进行一维搜索（即输入阻抗的虚部），便可求出故障定位函数的最优解。

根据式（4-14）计算故障距离。若故障点距离测量端 30km，过渡电阻为 0.2Ω，所得测距函数曲线如图 4-4 所示。基于 π 线路模型阻抗法的故障测距结果如表 4-4 所示。

表 4-4　　　　　　　π 型等效模型阻抗法的故障测距结果

故障距离/km	过渡电阻/Ω	测量距离/km	误差/km	相对误差$|R|$/%
5	0.2	4.90	−0.1	−0.125
	2	4.92	−0.08	−0.1
	5	4.96	−0.04	−0.05

续表

故障距离/km	过渡电阻/Ω	测量距离/km	误差/km	相对误差|R|/%
10	0.2	9.86	−0.14	−0.175
	2	9.91	−0.09	−0.1125
	2	9.85	−0.15	−0.1875
20	0.2	19.25	−0.75	−0.9375
	2	19.32	−0.68	−0.85
	5	19.40	−0.60	−0.75
30	0.2	28.99	−1.01	−1.2625
	2	29.27	−0.73	−0.9125
	5	29.16	−0.84	−1.05
40	0.2	38.61	−1.39	−1.7375
	2	38.49	−1.51	−1.8875
	5	38.96	−1.04	−1.3
50	0.2	48.25	−1.75	−2.1875
	2	48.03	−1.97	−2.4625
	2	47.92	−2.08	−2.6
60	0.2	57.62	−2.38	−2.975
	2	57.22	−2.78	−3.475
	5	57.09	−2.91	−3.6375
70	0.2	66.80	−3.20	−4
	2	66.51	−3.49	−4.3625
	5	66.98	−3.02	−3.775
75	0.2	70.69	−4.31	−5.3875
	2	71.53	−3.47	−4.3375
	5	71.27	−3.73	−4.6625

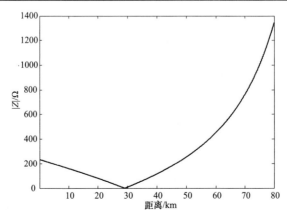

图 4-4　30km 处故障定位函数

可以看出，利用 π 等效模型的阻抗估计法，对于近端故障，测距精度较高，而对于远端接地故障，误差较大。过渡电阻对测距精度的影响不明显。

3. T 型等效模型阻抗法

T 型等效模型阻抗法的测距思想与 π 型等效模型阻抗法一致。

图 4-5 为高压直流接地极线路 T 型等效模型示意图。其中，$\dot{U}_{\text{M}}$、$\dot{I}_1$ 和 $\dot{I}_2$ 为测量端电压和两出线电流，$\dot{U}_{\text{f}}$、$\dot{I}_{\text{f}}$ 为故障电压和故障电流，R_0、L_0 和 C_0 为接地极线路单位长度电阻、电感和电容，R_{f}、R_{g} 分别为故障过渡电阻和极址电阻，l 为接地极线路长度，x_{f} 为故障点距线路首端距离。若在 0.8s 时刻，接地极引线 2 上发生接地故障，故障过渡电阻为 0.2Ω。通过以下内容进行故障测距。

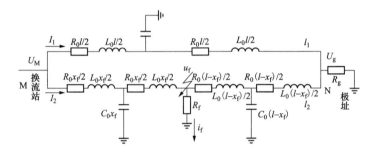

图 4-5　高压直流接地极线路 T 型等效模型示意图

测量端至故障点的测量阻抗为

$$Z_{\text{meas}} = \frac{\dot{U}_{\text{M}}}{\dot{I}_2} \tag{4-15}$$

从图 4-5 所示的等效电路图可以看出，从测量端到故障点的等效输入阻抗等于测量端到故障点的线路阻抗加上故障过渡电阻。由阻抗的串并联关系可得，从测量端看进去的故障线路等效输入阻抗为

$$Z_{\text{in}} = \frac{\left(\dfrac{-j}{\omega Cx_{\text{f}}}\right)\left(R_{\text{f}} + \dfrac{j\omega Lx_{\text{f}}}{2} + \dfrac{Rx_{\text{f}}}{2}\right)}{\left(\dfrac{-j}{\omega Cx_{\text{f}}}\right) + \left(R_{\text{f}} + \dfrac{j\omega Lx_{\text{f}}}{2} + \dfrac{Rx_{\text{f}}}{2}\right)} + \left(\dfrac{j\omega Lx_{\text{f}}}{2} + \dfrac{Rx_{\text{f}}}{2}\right) \tag{4-16}$$

在故障点处，计算所得测量阻抗虚部与故障线路等效视入阻抗虚部相等。故障定位函数为

$$x_{\text{f}} = \min\left|\text{Im}(Z(x)) - \text{Im}(Z_{\text{in}}(x))\right|, \, x \in (0, \, l) \tag{4-17}$$

根据式（4-17）计算故障距离。若故障点距离测量端 30km，过渡电阻为 0.2Ω，所得测距函数曲线如图 4-6 所示。

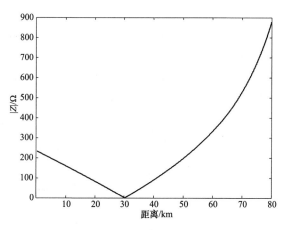

图 4-6　30km 故障测距定位函数

以下对不同故障距离和不同故障过渡电阻进行仿真遍历，得到测距结果如表 4-5 所示。

表 4-5　　　　　　　　　T 型等效模型阻抗法测距仿真测距结果

故障距离/km	过渡电阻/Ω	测量距离/km	误差/km	相对误差|R|/%
5	0.2	4.910	−0.090	0.1125
	2	4.936	−0.064	0.08
	5	4.960	−0.040	0.05
10	0.2	9.691	−0.309	0.38625
	2	9.792	−0.208	0.26
	2	10.026	0.026	0.0325
20	0.2	19.997	−0.003	0.00375
	2	20.116	0.116	0.145
	5	20.219	0.219	0.27375
30	0.2	30.260	0.260	0.325
	2	30.291	0.291	0.36375
	5	30.310	0.310	0.3875
40	0.2	40.369	0.369	0.46125
	2	40.591	0.591	0.73875
	5	40.810	0.810	1.0125
50	0.2	50.691	0.691	0.86375
	2	50.826	0.826	1.0325
	2	51.092	1.092	1.365

故障距离/km	过渡电阻/Ω	测量距离/km	误差/km	相对误差/|R|/%
60	0.2	60.369	0.369	0.46125
	2	60.418	0.418	0.5225
	5	60.699	0.699	0.87375
70	0.2	70.399	0.399	0.49875
	2	70.647	0.647	0.80875
	5	70.941	0.941	1.17625
75	0.2	75.370	0.370	0.4625
	2	75.619	0.619	0.77375
	5	75.910	0.910	1.1375

将不同故障距离、过渡电阻对应的测距相对误差画成三维图,如图 4-7 所示。

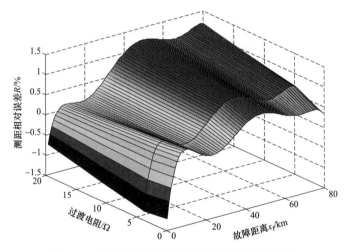

图 4-7　测距误差随故障位置和过渡电阻的变化

可以看出,利用 T 型等效模型阻抗法,近端故障时的测距精度比远端故障时高,过渡电阻对测距精度的影响不明显。

二、R-L 模型的改进阻抗法

下面利用接地极线路 R-L 模型,提出利用故障分量电流消除过渡电阻影响的算法。接地极线路发生单线接地故障,其 R-L 模型如图 4-8 所示,提取测量端电压、电流量主导特征谐波分量的测距算法如下。

在图 4-8 中,$\dot{U}_m$、$\dot{I}_1$ 和 $\dot{I}_2$ 为测量端电压和两出线电流,$\dot{I}_f$ 为故障电流,r_0、x_0 为接地极线路单位长度电阻、电感,R_f 和 R_g 分别为故障过渡电阻和极址电阻,

L 为接地极线路长度，x_f 为故障点距线路首端距离。

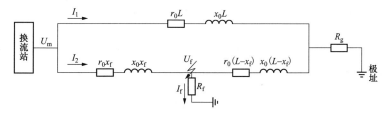

图 4-8 接地极线路 R-L 模型

根据叠加定理，接地极线路故障状态可以等效为正常状态和故障附加状态线性叠加，如图 4-9 所示。

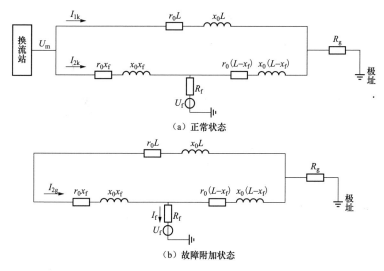

图 4-9 正常状态和故障附加状态

下面讨论故障分量电流的相位特征。由图 4-8 和图 4-9 可知接地极线路出线 2 测量端电流的故障分量与故障点电流存在以下关系

$$\dot{I}_{2g} = \dot{I}_2 - \dot{I}_{2k} = \dot{C}_a \dot{I}_f \tag{4-18}$$

式中，$\dot{I}_{fg}$ 为测量端电流故障分量；$\dot{I}_2$、$\dot{I}_{2k}$ 为正常运行和故障时首端电流；$\dot{I}_f$ 为故障电流；$\dot{C}_a$ 为故障电流在测量端的电流分布系数。

因为假设接地极线路是均匀的，线路阻抗只与长度有关，由图 4-9（b）可以看出

$$\dot{C}_a = \frac{(r_0 + jx_0)(L - x_f)}{(r_0 + jx_0)2L} = \frac{L - x_f}{2L}$$

在这里，$\dot{C}_a$ 为一实数，其幅角为 0，说明故障电流与测量端电流故障分量

相位相同。

在换流站侧，测量端电压和故障线路电流计算测量阻抗为

$$\dot{Z}_{\mathrm{m}} = \frac{\dot{U}_{\mathrm{m}}}{\dot{I}_2} = (r_0 + \mathrm{j}x_0)x_{\mathrm{f}} + \frac{\dot{I}_{\mathrm{f}}}{\dot{I}_2}R_{\mathrm{f}} \qquad (4\text{-}19)$$

在式（4-19）中，用测量端电流故障分量代替故障电流，可得

$$\dot{Z}_{\mathrm{m}} = (r_0 + \mathrm{j}x_0)x_{\mathrm{f}} + \frac{R_{\mathrm{f}}}{\dot{C}_{\mathrm{a}}}\frac{\dot{I}_{2\mathrm{g}}}{\dot{I}_2} \qquad (4\text{-}20)$$

在式（4-20）中，$\dot{I}_{2\mathrm{g}}$、$\dot{I}_2$ 可以在测量端求得，又 $\dot{C}_{\mathrm{a}}$ 的幅角为 0，由等式两边实、虚部相等得到

$$\begin{aligned} x_0 x_{\mathrm{f}} &= X_{\mathrm{m}} - \frac{R_{\mathrm{f}}}{C_{\mathrm{a}}}\mathrm{Im}\left(\frac{\dot{I}_{2\mathrm{g}}}{\dot{I}_2}\right) \\[2ex] r_0 x_{\mathrm{f}} &= R_{\mathrm{m}} - \frac{R_{\mathrm{f}}}{C_{\mathrm{a}}}\mathrm{Re}\left(\frac{\dot{I}_{2\mathrm{g}}}{\dot{I}_2}\right) \end{aligned} \qquad (4\text{-}21)$$

已知接地极线路阻抗角 φ，则有 $\tan\varphi = x_0/r_0$，为了消除过渡电阻 R_{f} 的影响，将式（4-21）两式左右相除得

$$\tan\varphi = \frac{X_{\mathrm{m}} - \dfrac{R_{\mathrm{f}}}{C_{\mathrm{a}}}\mathrm{Im}\left(\dfrac{\dot{I}_{2\mathrm{g}}}{\dot{I}_2}\right)}{R_{\mathrm{m}} - \dfrac{R_{\mathrm{f}}}{C_{\mathrm{a}}}\mathrm{Re}\left(\dfrac{\dot{I}_{2\mathrm{g}}}{\dot{I}_2}\right)} \qquad (4\text{-}22)$$

由式（4-22）解出过渡电阻为

$$R_{\mathrm{f}} = C_{\mathrm{a}}\frac{X_{\mathrm{m}} - R_{\mathrm{m}}\tan\varphi}{\mathrm{Im}\left(\dfrac{\dot{I}_{2\mathrm{g}}}{\dot{I}_2}\right) - \mathrm{Re}\left(\dfrac{\dot{I}_{2\mathrm{g}}}{\dot{I}_2}\right)\tan\varphi} \qquad (4\text{-}23)$$

将式（4-23）代入式（4-21）可计算出故障距离为

$$x_{\mathrm{f}} = \min\left| X_{\mathrm{m}} - xx_0 - \frac{X_{\mathrm{m}} - R_{\mathrm{m}}\tan\varphi}{\mathrm{Im}\left(\dfrac{\dot{I}_{2\mathrm{g}}}{\dot{I}_2}\right) - \mathrm{Re}\left(\dfrac{\dot{I}_{2\mathrm{g}}}{\dot{I}_2}\right)\tan\varphi}\mathrm{Im}\left(\dfrac{\dot{I}_{2\mathrm{g}}}{\dot{I}_2}\right)\right|, \quad x \in (0, L) \qquad (4\text{-}24)$$

经过以上分析推理，接地极线路采用 R-L 等效模型时，由测距方程（4-24）可以从原理上克服过渡电阻的影响。

为了验证该测距方法的适应性，下面对不同故障距离、不同过渡电阻的情况进行测试，并利用式（4-24）得到测距结果。现假设距离 M 端 30km，不同过渡电阻情况下的测距结果如表 4-6 所示。

表 4-6   R-L 阻抗法仿真测距结果

过渡电阻/Ω	测距结果/km	误差/km
0	29.535	−0.465
0.2	29.6397	−0.3603
1	29.473	−0.527
2	29.795	−0.205
4	30.208	0.208
6	30.773	0,773
8	31.803	1.803
10	32.171	2.171
12	33.269	3.269
14	34.423	4.223

不同故障距离、不同过渡电阻情况下的故障测距结果如表 4-7 所示。

表 4-7   R-L 阻抗法仿真测距结果

故障距离/km	过渡电阻/Ω	测量距离/km	误差/km	相对误差$|R|$/%
5	0.2	4.914	−0.086	−0.107
	2	4.931	−0.069	−0.086
	5	4.968	−0.032	−0.04
10	0.2	9.913	−0.087	−0.108
	2	9.998	−0.002	−0.002
	2	10.126	0.126	0.157
20	0.2	19.805	−0.195	−0.243
	2	19.8163	−0.1837	−0.229
	5	20.0791	0.0791	0.098
30	0.2	31.7856	1.786	2.232
	2	31.829	1.829	2.286
	5	31.837	1.837	2.296
40	0.2	44.657	4.657	5.821
	2	45.698	5.698	7.1225
	5	45.991	5.991	7.485
50	0.2	60.055	10.055	12.568
	2	60.120	10.120	12.65
	2	60.088	10.088	12.61

故障距离/km	过渡电阻/Ω	测量距离/km	误差/km	相对误差|R|/%
60	0.2	79.683	19.683	24.603
	2	80.163	20.163	25.203
	5	80.664	20.664	25.83
70	0.2	101.365	31.365	39.206
	2	102.441	32.441	40.551
	5	102.694	32.694	40.867
75	0.2	124.670	49.670	62.087
	2	125.961	50.96	63.701
	5	127.259	52.26	65.323

由表 4-6 和表 4-7 可知，采用 R-L 等效线路模型，没有考虑分布电容的影响，近端故障的测距精度较高，随着故障距离的增大，测距误差也增大，线路末端故障时，测距误差甚至大于 5%。

三、利用接地电阻纯阻性的 π 型线路测距算法

采用 R-L 等效模型，虽然测距方程从原理上消除了过渡电阻的影响，但由于忽略了线路电容的作用，只在线路近端约全长 30%的范围内有较高测距精度。本节通过提取特征量主导特征谐波分量，基于线路的 π 模型，由正常线路推算接地极电压，再从故障线路首端和接地极推算故障点电压和故障电流，利用过渡电阻的纯阻性，以及故障点电压和故障电流在故障点相位差为零构造测距函数。

如图 4-10 所示，接地极线路非故障线路和故障线路故障点两侧都用 π 模型等效。$\dot{U}_m$、$\dot{I}_1$ 和 $\dot{I}_2$ 为测量端提取的主导特征谐波电压和两出线电流，$\dot{U}_f$ 为故障电压主导特征谐波电压分量，$\dot{I}_f$ 为故障电流主导特征谐波电流分量，$\dot{I}_4$ 为流经 $(L-x_f)(r_0+jx_0)$ 的电流，线路参数如前文所示。

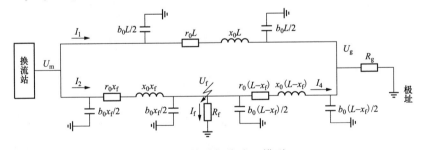

图 4-10　接地极线路 π 模型

由非故障线路可推得接地极电压为

$$\dot{U}_{g}=\left(1+\frac{jb_{0}(r_{0}+jx_{0})L^{2}}{4}\right)\dot{U}_{m}-\dot{I}_{1}(r_{0}+jx_{0})L \tag{4-25}$$

在线路首端和接地极处推算故障点电压为

$$\dot{U}_{f}=\left(1+\frac{jb_{0}(r_{0}+jx_{0})x_{f}^{2}}{4}\right)\dot{U}_{m}-\dot{I}_{2}(r_{0}+jx_{0})x_{f} \tag{4-26}$$

$$\dot{U}_{f}=\dot{U}_{g}+\dot{I}_{4}(r_{0}+jx_{0})(L-x_{f}) \tag{4-27}$$

由式（4-26）和式（4-27）得

$$\dot{I}_{4}=\frac{\dot{U}_{f}-\dot{U}_{g}}{(r_{0}+jx_{0})(L-x_{f})}=\frac{\frac{1}{2}jb_{0}(r_{0}+jx_{0})(x_{f}^{2}-L^{2})\dot{U}_{m}-\dot{I}_{2}(r_{0}+jx_{0})x_{f}+\dot{I}_{1}(r_{0}+jx_{0})L}{(r_{0}+jx_{0})(L-x_{f})} \tag{4-28}$$

根据以上各式可得故障电流为

$$\dot{I}_{f}=\dot{I}_{2}-\dot{I}_{4}-\dot{U}_{m}\frac{jbx_{f}}{2}-\dot{U}_{f}\frac{jbL}{2} \tag{4-29}$$

设 d 为故障线路上任一点距首端的距离，则 $\dot{U}_{f}$、$\dot{I}_{f}$ 均为 d 的函数，定义函数

$$g(d)=\arg(\dot{U}_{f}(d))-\arg(\dot{I}_{f}(d)) \tag{4-30}$$

式中，$\arg(\dot{U}_{f}(d))$、$\arg(\dot{I}_{f}(d))$ 表示求电压、电流的相位，相应取值范围为 $[-\pi, \pi]$；$g(d)$ 为故障电压与故障电流的相位差，采用弧度表示，取值范围为 $[-\pi, \pi]$。

假设过渡电阻为纯阻性，可知当且仅当 $d=x_{f}$ 时，$\dot{U}_{f}$、$\dot{I}_{f}$ 相位相同，$g(d)$ 为零。

为了验证利用接地电阻纯阻性的 π 型线路测距算法的适应性，在不同的故障条件下做测试，故障测距如表 4-8 所示。

表 4-8 利用接地电阻纯阻性的 π 型线路测距算法测距仿真遍历结果

故障距离/km	过渡电阻/Ω	测量距离/km	误差/km	相对误差$|R|$/%
5	0.2	4.9100	−0.09	0.112
	2	4.9100	−0.09	0.112
	5	4.9700	−0.03	0,037
10	0.2	9.9400	−0.06	0.075
	2	9.9400	−0.06	0.075
	2	10.0100	0.01	0.012
20	0.2	19.9100	−0.09	0.112
	2	19.9600	−0.04	0.05
	5	20.0200	0.02	0.025
30	0.2	29.9100	−0.09	0.112
	2	29.9500	−0.05	0.062
	5	30.0700	0.07	0.087
40	0.2	39.9120	−0.088	0.11
	2	39.9399	−0.0601	0.075
	0.5	40.1499	0.1499	0.187

故障距离/km	过渡电阻/Ω	测量距离/km	误差/km	相对误差 |R|/%
	0.2	49.9399	−0.0601	0.075
50	2	49.9912	−0.0088	0.011
	2	50.2599	0.2599	0.324
	0.2	60.0000	0	0
60	2	60.0399	0.0399	0.049
	5	60.4600	0.46	0.575
	0.2	70.0056	0.0056	0.007
70	2	70.1099	0.1099	0.137
	5	70.8299	0.8299	1.037
	0.2	75.0799	0.0799	0.099
75	2	75.1599	0.1599	0.199
	5	76.2399	1.2399	1.549

四、利用接地电阻纯阻性的分布参数等效模型线路测距算法

测距思想：基于线路的分布参数模型，由测量端获取的电压、电流推算沿线电压、电流分布，得到故障点处电压及电流。考虑到故障过渡电阻为纯阻性来构造测距函数，便可计算出故障距离。

当接地极线路 2 上发生接地故障，其故障网络图如图 4-11 所示。其中，$\dot{U}_M$、$\dot{I}_{de1}$ 和 $\dot{I}_{de2}$ 为测量端电压和两出线电流，$\dot{I}_f$ 为故障电流，R_f 和 R_g 分别为故障过渡电阻和极址电阻，x_f 为故障点距线路首端距离。通过以下内容进行测距。

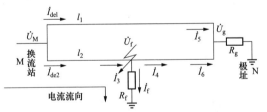

图 4-11　接地极线路发生接地故障时的故障网络图

忽略两接地极线路之间的耦合，根据均匀传输线方程的稳态解，在图 4-12 中存在如下关系

$$\dot{U}_f = \frac{1}{2}(\dot{U}_M + Z_c \dot{I}_{de2}) e^{-\gamma x_f} + \frac{1}{2}(\dot{U}_M - Z_c \dot{I}_{de2}) e^{\gamma x_f} \tag{4-31}$$

$$\dot{I}_3 = \frac{1}{2}\left(\frac{\dot{U}_M}{Z_c} + \dot{I}_{de2}\right) e^{-\gamma x_f} - \frac{1}{2}\left(\frac{\dot{U}_M}{Z_c} - \dot{I}_{de2}\right) e^{\gamma x_f} \tag{4-32}$$

式中，γ 为传播系数；Z_c 为波阻抗。

$$\gamma = \sqrt{ZY} \qquad (4\text{-}33)$$

$$Z_c = \sqrt{\frac{Z}{Y}} \qquad (4\text{-}34)$$

式中，Z、Y 分别为线路单位长度阻抗和导纳。

$$\dot{I}_5 = \frac{1}{2}\left(\frac{\dot{U}_M}{Z_c} + \dot{I}_{de1}\right)e^{-\gamma l} - \frac{1}{2}\left(\frac{\dot{U}_M}{Z_c} - \dot{I}_{de1}\right)e^{\gamma l} \qquad (4\text{-}35)$$

$$\dot{U}_g = \frac{1}{2}(\dot{U}_M + Z_c\dot{I}_{de1})e^{-\gamma l} + \frac{1}{2}(\dot{U}_M - Z_c\dot{I}_{de1})e^{\gamma l} \qquad (4\text{-}36)$$

$$\dot{I}_6 = \frac{\frac{1}{2}(\dot{U}_M + Z_c\dot{I}_{de1})e^{-\gamma l} + \frac{1}{2}(\dot{U}_M - Z_c\dot{I}_{de1})e^{\gamma l}}{R_g} - \left[\frac{1}{2}\left(\frac{\dot{U}_M}{Z_c} + \dot{I}_{de1}\right)e^{-\gamma l} - \frac{1}{2}\left(\frac{\dot{U}_M}{Z_c} - \dot{I}_{de1}\right)e^{\gamma l}\right]$$

$$(4\text{-}37)$$

$$\dot{I}_4 = \frac{1}{2}\left(\frac{\dot{U}_g}{Z_c} + \dot{I}_6\right)e^{\gamma(l-x_f)} - \frac{1}{2}\left(\frac{\dot{U}_g}{Z_c} - \dot{I}_6\right)e^{-\gamma(l-x_f)}$$

$$= \frac{1}{2}\left[\frac{\frac{1}{2}(\dot{U}_M + Z_c\dot{I}_{de1})e^{-\gamma l} + \frac{1}{2}(\dot{U}_M - Z_c\dot{I}_{de1})e^{\gamma l}}{Z_c} + \frac{\frac{1}{2}(\dot{U}_M + Z_c\dot{I}_{de1})e^{-\gamma l} + \frac{1}{2}(\dot{U}_M - Z_c\dot{I}_{de1})e^{\gamma l}}{R_g}\right.$$

$$\left. - \frac{1}{2}\left(\frac{\dot{U}_M}{Z_c} + \dot{I}_{de1}\right)e^{-\gamma l} + \frac{1}{2}\left(\frac{\dot{U}_M}{Z_c} - \dot{I}_{de1}\right)e^{\gamma l}\right]e^{\gamma(l-x_f)}$$

$$- \frac{1}{2}\left[\frac{\frac{1}{2}(\dot{U}_M + Z_c\dot{I}_{de1})e^{-\gamma l} + \frac{1}{2}(\dot{U}_M - Z_c\dot{I}_{de1})e^{\gamma l}}{Z_c} - \frac{\frac{1}{2}(\dot{U}_M + Z_c\dot{I}_{de1})e^{-\gamma l} + \frac{1}{2}(\dot{U}_M - Z_c\dot{I}_{de1})e^{\gamma l}}{R_g}\right.$$

$$\left. + \frac{1}{2}\left(\frac{\dot{U}_M}{Z_c} + \dot{I}_{de1}\right)e^{-\gamma l} - \frac{1}{2}\left(\frac{\dot{U}_M}{Z_c} - \dot{I}_{de1}\right)e^{\gamma l}\right]e^{-\gamma(l-x_f)}$$

$$(4\text{-}38)$$

$$\dot{I}_{\mathrm{f}} = \dot{I}_3 - \dot{I}_4 = \frac{1}{2}\left(\frac{\dot{U}_{\mathrm{M}}}{Z_{\mathrm{c}}} + \dot{I}_{\mathrm{de2}}\right)\mathrm{e}^{-\gamma x_{\mathrm{f}}} - \frac{1}{2}\left(\frac{\dot{U}_{\mathrm{M}}}{Z_{\mathrm{c}}} - \dot{I}_{\mathrm{de2}}\right)\mathrm{e}^{\gamma x_{\mathrm{f}}}$$

$$-\frac{1}{2}\left[\frac{\frac{1}{2}(\dot{U}_{\mathrm{M}} + Z_{\mathrm{c}}\dot{I}_{\mathrm{de1}})\mathrm{e}^{-\gamma l} + \frac{1}{2}(\dot{U}_{\mathrm{M}} - Z_{\mathrm{c}}\dot{I}_{\mathrm{de1}})\mathrm{e}^{\gamma l}}{Z_{\mathrm{c}}} + \frac{\frac{1}{2}(\dot{U}_{\mathrm{M}} + Z_{\mathrm{c}}\dot{I}_{\mathrm{de1}})\mathrm{e}^{-\gamma l} + \frac{1}{2}(\dot{U}_{\mathrm{M}} - Z_{\mathrm{c}}\dot{I}_{\mathrm{de1}})\mathrm{e}^{\gamma l}}{R_{\mathrm{g}}}\right.$$

$$\left. -\frac{1}{2}\left(\frac{\dot{U}_{\mathrm{M}}}{Z_{\mathrm{c}}} + \dot{I}_{\mathrm{de1}}\right)\mathrm{e}^{-\gamma l} + \frac{1}{2}\left(\frac{\dot{U}_{\mathrm{M}}}{Z_{\mathrm{c}}} - \dot{I}_{\mathrm{de1}}\right)\mathrm{e}^{\gamma l}\right]\mathrm{e}^{\gamma(l-x_{\mathrm{f}})}$$

$$+\frac{1}{2}\left[\frac{\frac{1}{2}(\dot{U}_{\mathrm{M}} + Z_{\mathrm{c}}\dot{I}_{\mathrm{de1}})\mathrm{e}^{-\gamma l} + \frac{1}{2}(\dot{U}_{\mathrm{M}} - Z_{\mathrm{c}}\dot{I}_{\mathrm{de1}})\mathrm{e}^{\gamma l}}{Z_{\mathrm{c}}} - \frac{\frac{1}{2}(\dot{U}_{\mathrm{M}} + Z_{\mathrm{c}}\dot{I}_{\mathrm{de1}})\mathrm{e}^{-\gamma l} + \frac{1}{2}(\dot{U}_{\mathrm{M}} - Z_{\mathrm{c}}\dot{I}_{\mathrm{de1}})\mathrm{e}^{\gamma l}}{R_{\mathrm{g}}}\right.$$

$$\left. +\frac{1}{2}\left(\frac{\dot{U}_{\mathrm{M}}}{Z_{\mathrm{c}}} + \dot{I}_{\mathrm{de1}}\right)\mathrm{e}^{-\gamma l} - \frac{1}{2}\left(\frac{\dot{U}_{\mathrm{M}}}{Z_{\mathrm{c}}} - \dot{I}_{\mathrm{de1}}\right)\mathrm{e}^{\gamma l}\right]\mathrm{e}^{-\gamma(l-x_{\mathrm{f}})}$$

$$（4\text{-}39）$$

$$A = \frac{1}{2}\left(\frac{\dot{U}_{\mathrm{M}}}{Z_{\mathrm{c}}} + \dot{I}_{\mathrm{de2}}\right)\mathrm{e}^{-\gamma x_{\mathrm{f}}} - \frac{1}{2}\left(\frac{\dot{U}_{\mathrm{M}}}{Z_{\mathrm{c}}} - \dot{I}_{\mathrm{de2}}\right)\mathrm{e}^{\gamma x_{\mathrm{f}}} \qquad （4\text{-}40）$$

$$B = -\frac{1}{2}\left[\frac{\frac{1}{2}(\dot{U}_{\mathrm{M}} + Z_{\mathrm{c}}\dot{I}_{\mathrm{de1}})\mathrm{e}^{-\gamma l} + \frac{1}{2}(\dot{U}_{\mathrm{M}} - Z_{\mathrm{c}}\dot{I}_{\mathrm{de1}})\mathrm{e}^{\gamma l}}{Z_{\mathrm{c}}} + \frac{\frac{1}{2}(\dot{U}_{\mathrm{M}} + Z_{\mathrm{c}}\dot{I}_{\mathrm{de1}})\mathrm{e}^{-\gamma l} + \frac{1}{2}(\dot{U}_{\mathrm{M}} - Z_{\mathrm{c}}\dot{I}_{\mathrm{de1}})\mathrm{e}^{\gamma l}}{R_{\mathrm{g}}}\right.$$

$$\left. -\frac{1}{2}\left(\frac{\dot{U}_{\mathrm{M}}}{Z_{\mathrm{c}}} + \dot{I}_{\mathrm{de1}}\right)\mathrm{e}^{-\gamma l} + \frac{1}{2}\left(\frac{\dot{U}_{\mathrm{M}}}{Z_{\mathrm{c}}} - \dot{I}_{\mathrm{de1}}\right)\mathrm{e}^{\gamma l}\right]\mathrm{e}^{\gamma(l-x_{\mathrm{f}})}$$

$$（4\text{-}41）$$

$$C = \frac{1}{2}\left[\frac{\frac{1}{2}(\dot{U}_{\mathrm{M}} + Z_{\mathrm{c}}\dot{I}_{\mathrm{de1}})\mathrm{e}^{-\gamma l} + \frac{1}{2}(\dot{U}_{\mathrm{M}} - Z_{\mathrm{c}}\dot{I}_{\mathrm{de1}})\mathrm{e}^{\gamma l}}{Z_{\mathrm{c}}} - \frac{\frac{1}{2}(\dot{U}_{\mathrm{M}} + Z_{\mathrm{c}}\dot{I}_{\mathrm{de1}})\mathrm{e}^{-\gamma l} + \frac{1}{2}(\dot{U}_{\mathrm{M}} - Z_{\mathrm{c}}\dot{I}_{\mathrm{de1}})\mathrm{e}^{\gamma l}}{R_{\mathrm{g}}}\right.$$

$$\left. +\frac{1}{2}\left(\frac{\dot{U}_{\mathrm{M}}}{Z_{\mathrm{c}}} + \dot{I}_{\mathrm{de1}}\right)\mathrm{e}^{-\gamma l} - \frac{1}{2}\left(\frac{\dot{U}_{\mathrm{M}}}{Z_{\mathrm{c}}} - \dot{I}_{\mathrm{de1}}\right)\mathrm{e}^{\gamma l}\right]\mathrm{e}^{-\gamma(l-x_{\mathrm{f}})}$$

$$（4\text{-}42）$$

令

$$D=\frac{1}{2}(\dot{U}_{\mathrm{M}}+Z_{\mathrm{c}}\dot{I}_{\mathrm{de2}})\mathrm{e}^{-\gamma x_{\mathrm{f}}}+\frac{1}{2}(\dot{U}_{\mathrm{M}}-Z_{\mathrm{c}}\dot{I}_{\mathrm{de2}})\mathrm{e}^{\gamma x_{\mathrm{f}}} \tag{4-43}$$

则有

$$\dot{I}_{\mathrm{f}}=A+B+C \tag{4-44}$$

而故障过渡电阻为

$$R_{\mathrm{f}}=\frac{\dot{U}_{\mathrm{f}}}{\dot{I}_{\mathrm{f}}}=\frac{D}{A+B+C} \tag{4-45}$$

假设过渡电阻为纯阻性,即存在如下关系

$$\mathrm{Im}\left(\frac{\dot{U}_{\mathrm{f}}}{\dot{I}_{\mathrm{f}}}\right)=0 \tag{4-46}$$

根据式(4-46)计算故障距离。现假设故障点距离测量端 50km,接地极线路 2 发生接地故障,过渡电阻为 0.2Ω,所得测距函数曲线如图 4-12 所示。

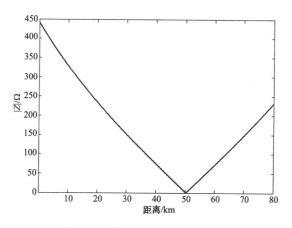

图 4-12 接地极线路 50km 故障

为了验证应用分布参数模型测距方法的适应性,在不同的故障条件下做测试。分布参数模型测距仿真遍历结果如表 4-9 所示。

表 4-9 分布参数模型测距仿真遍历结果

故障距离/km	过渡电阻/Ω	测量距离/km	误差/km	相对误差|R|/%
5	0.2	4.9100	−0.09	0.112
	2	4.9100	−0.09	0.112
	5	4.9700	−0.03	0.037

故障距离/km	过渡电阻/Ω	测量距离/km	误差/km	相对误差|R|/%
10	0.2	9.9400	−0.06	0.075
	2	9.9400	−0.06	0.075
	2	10.0100	0.01	0.012
20	0.2	19.9100	−0.09	0.112
	2	19.9600	−0.04	0.05
	5	20.0200	0.02	0.025
30	0.2	29.9100	−0.09	0.112
	2	29.9500	−0.05	0.062
	5	30.0700	0.07	0.087
40	0.2	39.9120	−0.088	0.11
	2	39.9399	−0.0601	0.075
	5	40.1499	0.1499	0.187
50	0.2	49.9399	−0.0601	0.075
	2	49.9912	−0.0088	0.011
	2	50.2599	0.2599	0.324
60	0.2	60.0000	0	0
	2	60.0399	0.0399	0.049
	5	60.4600	0.46	0.575
70	0.2	70.0056	0.0056	0.007
	2	70.1099	0.1099	0.137
	5	70.8299	0.8299	1.037
75	0.2	75.0799	0.0799	0.099
	2	75.1599	0.1599	0.199
	5	76.2399	1.2399	1.549

将不同故障距离、过渡电阻对应的测距相对误差画成三维图,如图 4-13 所示。

误差分析:过渡电阻对测距精度影响不明显。由于本算法采用分布参数模型,在计算故障距离时,假设故障过渡电阻为纯阻性,利用故障点的过渡电阻虚部为零构成定位函数,受故障点过渡电阻、线路分布电容的影响较小。线路末端故障测距误差偏大,是由于靠近极址点时,极址接地点和故障接地点性质相似,不易区分。

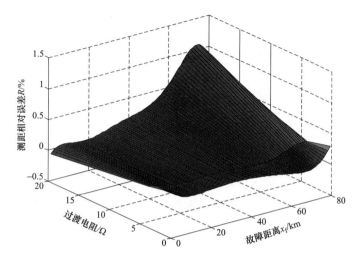

图 4-13　测距误差随故障位置和过渡电阻的变化

第三节　基于直流分量的电压法

接地极线路测量端电气量由直流分量和谐波分量组成。对测量端电气量取其长时窗内的平均值便是电气量的直流分量，通过全波傅立叶算法可以很容易获取谐波分量，采用直流分量的主导谐波分量可开展相关故障测距算法研究。直流分量比谐波分量稳定，抗干扰能力强。

利用直流分量的测距思想在于：接地极线路上的电压、电流直流分量仅作用于线路电阻，因此通过测量端获取的电压、电流经线路电阻推算得故障点左右两侧电压值，由故障点两侧电压值相等构成测距方程，便可计算出故障距离。还有一种方法是推算得极址点左右两侧电压值，由极址点左右两侧电压值相等构成测距方程，同样可以计算出故障距离。

一、利用故障点两侧电压相等的测距

本研究中采用高压直流接地极线路故障测距仿真模型，如图 4-14 所示。其中，U_M、I_de1 和 I_de2 为测量端电压和两出线电流，I_f 为故障电流，R_f 和 R_g 分别为故障过渡电阻和极址电阻，L 为接地极线路长度。

若接地极线路 l_2 发生接地故障，根据测量端电压 U_M 和故障线路测量端电流 I_de2 推算至故障点左侧电压：

$$U_\mathrm{left} = U_\mathrm{M} - I_\mathrm{de2} R x_\mathrm{f} \tag{4-47}$$

式中，U_{left} 为故障点左侧电压；x_f 为故障点到测量端的距离。

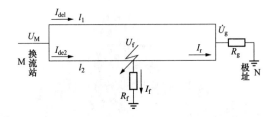

图 4-14　高压直流接地极线路故障测距仿真模型

利用非故障线路测量端电压 U_M 和电流 I_{de1} 推算至故障点右侧电压。利用测量端电压、电流列写测距方程如下：

$$U_g = U_M - I_{\text{de1}}Rl \tag{4-48}$$

$$I_r = \frac{U_g}{R_g} - I_{\text{de1}} \tag{4-49}$$

$$U_{\text{right}} = U_g + I_r R(l - x_f) \tag{4-50}$$

式中，U_g 为极址处电压；I_r 为故障线路极址处电流；U_{right} 为故障点右侧电压；R_g 为极址点接地电阻；l 为线路全长。

利用故障点两侧电压相等：

$$U_{\text{left}}(x) - U_{\text{right}}(l - x) = 0 \tag{4-51}$$

将式（4-47）～式（4-50）代入式（4-51），构成测距方程为

$$x_f = \frac{-2I_{\text{de1}}Rl + \dfrac{U_M Rl - I_{\text{de1}}R^2 l^2}{R_g}}{-I_{\text{de2}}R + \dfrac{U_M R - I_{\text{de1}}R^2 l}{R_g} - I_{\text{de1}}R} \tag{4-52}$$

或

$$x_f = \min\left|U_{\text{left}}(x) - U_{\text{right}}(l - x)\right| \quad x \in [0, l]$$

现假设故障点距离测量端 50km 处接地极线路 2 发生接地故障，过渡电阻分别为 0Ω、0.2Ω 和 2Ω，利用式（4-47）和式（4-50）计算得到的沿线电压分布如图 4-15 所示。

由图 4-16（a）可知，当接地极线路发生金属性接地故障时，故障点电压是电压在线路上分布的最小值。这种故障条件下与双电源系统的测距定位是一致的。当过渡电阻与接地极电阻相等时，测量端电流 I_{de1} 直接通过健全线路流入接地极，故障点的电压高于极址电压，故障点的接地电流很小，由首端电压、

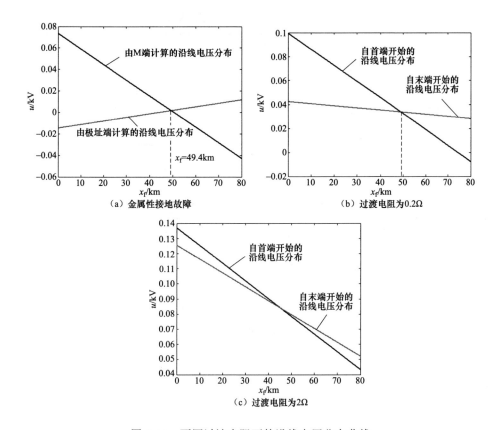

图 4-15　不同过渡电阻下的沿线电压分布曲线

电流计算得到的从首端到末端的电压分布与真实的电压分布基本是一致的。极址电压是沿线电压分布的最小值。由于接地极特殊的结构，极址电阻很小，当故障过渡电阻大于或等于极址电阻后，故障点的接地电流很小，此时故障点电压不再是沿线电压分布的最小值。当故障点过渡电阻大于极址电阻，定位函数发生了"性质"的转变。故障点电压不是沿线电压分布的最小值。

　　通过仿真得到在不同故障距离和不同过渡电阻遍历测距结果如表 4-10～表 4-12 所示。

表 4-10　　　　　　　　　　金属性接地的故障测距结果　　　　　　　单位：km

故障位置	5	10	20	30	40	50	60	70	75
测距结果	3.7	7.3	19.3	29.4	39.5	49.4	60.3	69.9	74.9
误差	1.3	2.7	0.7	0.6	0.5	0.6	0.3	0.1	0.1

表 4-11			故障接地电阻为 0.2Ω 的测距结果					单位：km	
故障位置	5	10	20	30	40	50	60	70	78
测距结果	3.1	6	19	28.7	39.2	49.1	60.5	69.8	77.9
误差	1.9	4	1.0	1.3	0.8	0.9	0.5	0.2	0.1

表 4-12			过渡电阻 2Ω 仿真测距结果				单位：km	
故障位置	5	10	20	30	40	50	60	70
测距结果	—	—	16	25.1	36.6	45.3	61.7	69.1
误差			4	4.9	3.4	4.7	1.7	0.9

由以上仿真测距结果可知，直流分量法受故障过渡电阻的影响较大。

下面分析该测距方法对过渡电阻的适应性。

如图 4-16 所示，当过渡电阻为 5Ω 时，相比于极址电阻而言，故障接地点处相当于开路，因此测量端电流 $I_{de2} \approx I_4$，则有以下关系表达式：

$$U_M - I_{de2}Rx_f = U_g + I_4R(l - x_f) \qquad (4\text{-}53)$$

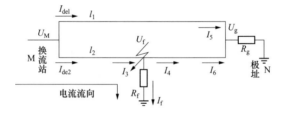

图 4-16　高压直流接地极线路故障模型

将式 $I_{de2} \approx I_4$ 带入式（4-53）得到

$$U_M - I_{de2}Rx_f \approx U_g + I_{de2}R(l - x_f) \qquad (4\text{-}54)$$

对式（4-54）进行整理可以得到

$$U_M \approx U_g + I_{de2}Rl \qquad (4\text{-}55)$$

由式（4-55）可得图 4-17 所示的沿线电压分布曲线。

可见，由于接地极结构的特殊性，极址电阻很小，若故障点过渡电阻大于极址接地电阻，则极址电压为线路电压分布的最小值，故障点对地相当于开路。测量端的电压和电流含有极少故障信息，因此从理论上无法进行高阻故障的定位。

接地极的特殊结构决定了在双极平衡运行下，接地极的电压和电流都非常小。当接地极线路发生故障时，测量端的电压和电流的变化量很小，在低采样率下很难正确地计算故障点电压。通过提高采样率，精确计算故障点的电压，可以提高测距精度。

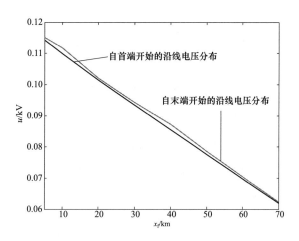

图 4-17　过渡电阻为 5Ω 时的沿线电压分布曲线

由表 4-13 可以看出提高数据采样率，可以减少计算引入的误差，测距精度将提高。

表 4-13　　故障接地电阻为 2Ω、采样率为 6.4kHz 工况下的测距结果

故障位置/km	5	10	20	30	40	50	60	70	75
测距结果/km	5	10	19.5	29.6	39.7	49.8	60	70.1	75
误差/km	0	0	0.5	0.4	0.3	0.2	0	0.1	0

二、利用极址点两侧电压相等的测距

利用极址点两侧电压相等原理计算故障距离，其核心思想是：当过渡电阻等于或大于极址电阻时，极址处电压为全长范围内沿线电压分布的最小值，利用测量端电气量分别从故障线路与非故障线路推算至极址点的电压相等，构造测距函数。

为不失一般性，不妨假设在图 4-16 中，接地极线路 2 距测量端 x_f 处发生接地故障。利用测量端电压 U_M 和电流 I_{de1} 推算至极址点的电压 U_{g1} 为

$$U_{g1} = U_M - I_{de1}Rl \qquad (4\text{-}56)$$

利用测量端电压 U_M 和电流 I_{de2} 推算至故障点的电压为

$$U_f = U_M - I_{de2}Rx_f \tag{4-57}$$

根据故障边界，计算出电流 I_4：

$$I_4 = I_{de2} - \frac{U_f}{R_f} \tag{4-58}$$

根据电流 I_4 和故障点电压 U_f，计算极址电压 U_{g2}：

$$U_{g2} = U_f - I_4 R(l - x_f) \tag{4-59}$$

根据式（4-56）和式（4-59）列写测距方程为

$$x_f = f(x, R_f) = \min|U_{g1} - U_{g2}|$$
$$x \in [0, l] \quad R_f \in [R_{min}, R_{max}] \tag{4-60}$$

式中，x_f 为故障点到测量端的距离；U_M 为测量端电压；I_{de1} 为接地极线路 l_1 测量端的电流；I_{de2} 为接地极线路 l_2 测量端的电流；R 为接地极线路单位长度电阻；R_f 为故障点过渡电阻；l 为接地极线路全长。

现假设故障点距离测量端 50km，过渡电阻为 0.2Ω 接地极线路 2 发生接地故障，由测量端推算的沿线电压分布曲线如图 4-18 所示，测距函数曲线如图 4-19 所示。

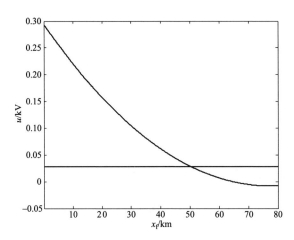

图 4-18　沿线电压分布曲线

表 4-14 和表 4-15 给出了分别利用故障点两侧电压相等和利用极址点两侧电压相等来构造测距函数的故障测距结果。

接地极线路的特殊结构决定了在双极平衡运行下，接地极的电压和电流都非常小。极址电阻很小，当故障接地点电阻大于或等于极址电阻后，故障点的接地电流将很小，故障点电压也不再是沿线电压分布的最小值。当接地极线路

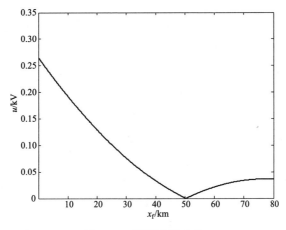

图 4-19 测距函数曲线

发生故障时，测量端的电压和电流的变化量也很小，在低采样率下很难正确计算故障点电压，根据故障点两侧电压值相等的故障测距方法存在较大误差，不适用于高阻接地故障。而利用极址点两侧电压相等的原理来进行故障定位，由于考虑到了过渡电阻的影响，其测距效果明显优于前者。

表 4-14　　　　　　　　　　过渡电阻为 0.2Ω 的故障测距结果　　　　　　　单位：km

故障距离	5	10	20	30	40	50	60	70
故障点电压相等	3.1	6	19	28.7	39.2	49.1	60.4	69.8
极址处电压相等	5.4	10.9	20.3	30.4	40.3	50.4	59.7	70.1

表 4-15　　　　　　　　　　过渡电阻为 2Ω 的故障测距结果　　　　　　　单位：km

故障距离	5	10	20	30	40	50	60	70
故障点电压相等	—	—	16	25.1	36.6	45.3	61.7	69.1
极址处电压相等	5.3	10.7	20.2	30.3	40.2	50.3	59.9	70.1

第四节　多种测距算法的融合与决策

采用不同的测距算法，所得测距结果并非完全一致，且对故障位置和过渡电阻的敏感程度不同。因此，为了提高故障测距的可靠性，可以考虑将不同的测距算法进行融合，给予相应的置信度，综合得出一个故障距离。这样通过综合考虑各种测距算法的优劣，可以得到一个可靠性和精度都较高的测距结果。

从不同算法的仿真测距结果可以看出，每种算法都各有优劣，特征如下。

（1）基于直流分量的测距算法受故障过渡电阻影响较大。由于接地极的特殊结构，极址电阻很小，当线路发生金属性接地故障时，该方法可精确进行故障测距；当过渡电阻大于或等于极址电阻后，故障点的接地电流很小，故障点电压不再是沿线电压分布的最小值，测距误差增大。对于近端故障（如全长的20%内），其测距精度差；而当故障靠近极址点（如全长的90%外）时，其测距精度较高。大量的数字仿真表明，该方法测距结果普遍偏大。

（2）基于谐波分量的故障测距方法基本不受故障过渡电阻的影响。通过仿真分析发现，由于极址电阻的特性，极址端流入故障点的电流含有很少的谐波分量，因此极址点对故障点电流的相位和幅值基本没有影响。对于近端故障，其测距精度较高；对于远端故障（靠近极址点），其测距精度稍差。大量的数字仿真表明，该方法测距结果偏小。

因此，如果能先判断出故障点是位于线路近端，还是位于线路远端，再选择合适的算法进行定位计算，对提高测距的精度和可靠性是很有意义的。当然，如果故障位于线路中间附近，则各种算法都能适应。

通过对各种测距算法原理的分析可知：利用直流分量法得到的测距结果虽然受过渡电阻影响比较大，但是其抗干扰能力强，得到的故障距离应该在真实故障距离的一定范围内。基于谐波分量的单端测距法和R-L等效模型阻抗法只在近端约全长20%的范围内测距精度高。π型等效模型阻抗估计法、T型等效模型阻抗估计法的测距精度比R-L等效模型阻抗法稍高，其在约全长60%的范围内测距精度高。而同时利用直流分量和谐波分量的测距方法，在近端故障测距不可靠，在远端约全长30%的范围内可靠。采用分布参数的频域测距法测距精度比集中参数的测距精度高，几乎全线范围（除极址点附近外）测距结果都比较可靠。基于贝杰龙模型的时域测距方法，由于其太高的采样率要求（≥500kHz），在实际现场6.4kHz的采样率下测距失效，因此本节研究的多种测距算法融合与决策不考虑此算法。

综上可知，由于各种测距算法对故障位置和过渡电阻的敏感程度不同，可以将各种算法进行融合，以扬长避短，提高测距结果的准确性。具体融合与决策步骤如下。

（1）将接地极线路分为三个区段，分别为线路首段、线路末端及线路中间部分。具体划分如下。

区间1：全长的0～25%；

区间 2：全长的 25%～75%；

区间 3：全长的 75%～100%。

（2）分别通过各种测距算法得到相应的测距结果，并根据测距结果所在的线路区段，给出各种测距算法相应的置信度。该置信度反映了不同测距算法在各线路区段内测距的准确性。

（3）将置信度较高、相差不大的测距结果归为一类，并通过投票及所占权重推荐一个最优结果；同时将置信度不是很高、相差不大的测距结果归为另一类，也推荐一个相应结果。如此，测距结果将形成 2 至 3 个层次。

（4）对各个层次的测距结果都赋予一个新的最终置信度，所有最终置信度的权值之和为 1。其中，层次较高的测距结果由置信度较高的结果综合推荐所得，因此其最终置信度将有所提高；而由置信度不是很高所得推荐结果，其最终置信度也将有所下降。

（5）将故障信息、拥有最终置信度的测距结果通过故障分析报表的形式提供给现场运行维护人员。其中，测距结果按最终置信度的高低排列。

（6）现场工作人员根据故障分析报表可知各种测距结果的准确性，一般推荐选取最终置信度最高的测距结果作为现场故障排查的首选目标，以该结果为中心，分别向两侧各 1km 的区段进行故障排查。若未找到故障点，则可根据下一级置信度的测距结果再次排查，直至找到真正故障点。

其中，置信度（P）基于大量故障测距仿真实验统计数据制定。利用各种测距算法分别在这三个线路区段内进行大量仿真实验，通过统计数据分析各种测距方法在不同区段内的测距相对误差 δ。

$$\delta = \frac{\left| x_{\mathrm{jf}} - x_{\mathrm{f}} \right|}{l} \times 100\% \tag{4-61}$$

式中，x_{jf} 为计算故障距离；x_{f} 为实际故障距离；l 为线路全长。

通过仿真分析研究，根据测距结果的相对误差 δ 制定相应的置信度 P（%），如表 4-16 所示。

表 4-16　　　　　　　　　　　置信度的制定

δ/%	＜0.2	0.2～0.5	0.5～1	1～2	≥2
P/%	95	90	85	80	失效

将测距结果的相对误差 δ 反映到各种测距算法之中所对应的置信度，如表 4-17 所示。

表 4-17 各测距算法的置信度

P 测距算法 x_f/l	直流分量测距法	分布参数等效模型阻抗法	R-L 等效模型阻抗法	T 等效模型阻抗法	π 等效模型阻抗法
0~25%	失效	95%	95%	95%	90%
25%~75%	80%	95%	失效	85%	80%
75%~100%	90%	90%	失效	85%	失效

第五节 仅利用电流量的接地极线路故障测距方法

接地极线路不同于交流输电线路，也不同于直流输电线路。理论上，双极平衡运行时，在接地极并联的双回引出线路中，流过大小相等、方向相同的直流电流。但是由于双极触发角和设备参数的差异，接地极线路中会有不平衡电流，一般在额定电流的1%之内。整流侧中性母线上的电压一般不超过10kV。对于容量为5000MW的双极直流系统，其不平衡功率一般为15MW，最高不超过30MW，为额定容量的0.3%~0.6%。测量端的电压是由接地极线路决定的。考虑到直流系统双极不功率平衡较小，电压变化量更小，很难同时利用电压和电流量进行故障测距，现考虑仅利用电流量进行故障测距。

测距思想：在接地极故障网络模型中，存在两个未知数，一个是故障距离，另一个是过渡电阻。利用直流分量法可以得到故障距离和过渡电阻的函数关系。同理，利用谐波分量法也可以得到故障距离和过渡电阻的函数关系。故障点是唯一对于以上两个函数关系都成立的点，据此可以构造测距函数。

先看直流分量，在如图 4-20 所示的 R-L 等效电路图中，推导故障距离和过渡电阻的函数关系如下。

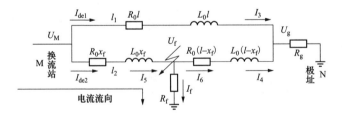

图 4-20 接地极的 R-L 等效电路图

当故障点电压高于极址点电压时，下式成立：

$$U_M - I_{de1}Rl = U_M - I_{de2}Rx_f - I_6R(l - x_f) \tag{4-62}$$

当故障点电压低于极址点电压，下式成立：

$$U_M - I_{de1}Rl = U_M - I_{de2}Rx_f + I_6R(l - x_f) \qquad (4\text{-}63)$$

实际中并不能先判断故障点电压和极址点电压的高低，这与故障过渡电阻有关，因此在算法推导中不妨设定故障点电压高于极址点电压。在这个条件下继续推导公式。

由式（4-62）可得

$$I_{de1}Rl = I_{de2}Rx_f + I_6R(l - x_f) \qquad (4\text{-}64)$$

根据故障边界条件得

$$I_6 = I_5 - \frac{U_f}{R_f} \qquad (4\text{-}65)$$

$$I_4 = I_6 \qquad (4\text{-}66)$$

$$I_{de2} = I_5 \qquad (4\text{-}67)$$

$$I_{de1} = I_3 \qquad (4\text{-}68)$$

$$U_f = U_g + I_6R(l - x_f) \qquad (4\text{-}69)$$

$$U_g = (I_3 + I_4)R_g \qquad (4\text{-}70)$$

联立以上各式可得故障距离 x_f 与过渡电阻 R_f 之间的关系如下：

$$R_f = \frac{-2I_{de1}lR_g - I_{de1}l^2R + (I_{de1}R_g + I_{de2}R_g + I_{de1}lR + I_{de2}lR)x_f - I_{de2}Rx_f^2}{l(I_{de1} - I_{de2})} \qquad (4\text{-}71)$$

对于式（4-71），若代入故障距离 x_f 为真实故障距离值，则得到的过渡电阻应当也是真实过渡电阻。故障距离为 60km，过渡电阻为 4Ω 时，故障距离 x_f 与过渡电阻 R_f 之间的关系如图 4-21 所示。

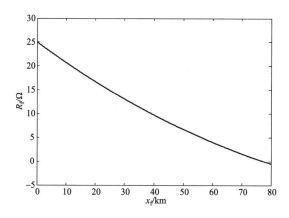

图 4-21 利用直流分量计算出的 x_f 与 R_f 之间的关系

同理，利用谐波分量（取 $f=600\text{Hz}$ 为主频）计算的极址点电压相等，列写方程如下（其中 $\dot{I}_1$、$\dot{I}_2$……表示谐波分量）。

当故障点电压高于极址点电压：

$$\dot{U}_\text{M} - \dot{I}_\text{de1}(\text{j}\omega L+R)l = \dot{U}_\text{M} - \dot{I}_\text{de2}(\text{j}\omega L+R)x_\text{f} - \dot{I}_6(\text{j}\omega L+R)(l-x_\text{f}) \quad (4\text{-}72)$$

当故障点电压低于于极址点电压：

$$\dot{U}_\text{M} - \dot{I}_\text{de1}(\text{j}\omega L+R)l = \dot{U}_\text{M} - \dot{I}_\text{de2}(\text{j}\omega L+R)x_\text{f} + \dot{I}_6(\text{j}\omega L+R)(l-x_\text{f}) \quad (4\text{-}73)$$

由式（4-74）可得

$$\dot{I}_\text{de1}(\text{j}\omega L+R)l = \dot{I}_\text{de2}(\text{j}\omega L+R)x_\text{f} + \dot{I}_6(\text{j}\omega L+R)(l-x_\text{f}) \quad (4\text{-}74)$$

$$\dot{I}_6 = \dot{I}_5 - \frac{\dot{U}_\text{f}}{R_\text{f}} \quad (4\text{-}75)$$

$$\dot{I}_\text{de2} = \dot{I}_5 \quad (4\text{-}76)$$

$$\dot{I}_\text{de1} = \dot{I}_3 \quad (4\text{-}77)$$

$$\dot{U}_\text{f} = U_\text{g} + \dot{I}_6(\text{j}\omega L+R)(l-x_\text{f}) \quad (4\text{-}78)$$

$$\dot{U}_\text{g} = (\dot{I}_3 + \dot{I}_4)R_\text{g} \quad (4\text{-}79)$$

联立以上各式可得故障距离 x_f 与过渡电阻 R_f 之间的关系如下：

$$R_\text{f} = \text{Re}\left(\frac{\dot{I}_\text{de1}l(2R_\text{g}+lR+\text{j}\omega Ll) - (\dot{I}_\text{de1}+\dot{I}_\text{de2})(R_\text{g}+lR+\text{j}\omega Ll)x_\text{f} + (R+\text{j}\omega L)\dot{I}_\text{de2}x_\text{f}^2}{l(\dot{I}_\text{de2} - \dot{I}_\text{de1})}\right) \quad (4\text{-}80)$$

对于式（4-82），若代入故障距离 x_f 为真实故障距离值，则得到的过渡电阻应当也是真实过渡电阻。故障距离为 60km，过渡电阻为 4Ω 时，故障距离 x_f 与过渡电阻 R_f 之间的关系如图 4-22 所示。

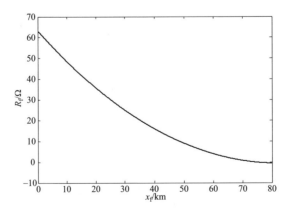

图 4-22　利用谐波分量计算的 x_f 与 R_f 之间的关系

现假设距离测量端 60km，接地极线路 2 发生接地故障，同时利用直流分量和谐波分量的故障定位结果如图 4-23 所示。

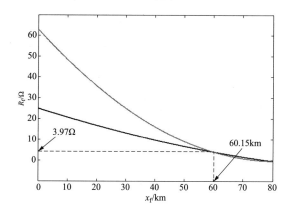

图 4-23 同时利用直流分量和谐波分量的故障定位结果

设极址电阻为 0.2Ω，不同故障位置和不同过渡电阻电流的故障测距结果如表 4-18 所示。

表 4-18 仅利用电流量的故障测距结果

故障距离/km	过渡电阻/Ω	测量距离/km	误差/km	相对误差$\|R\|$/%
5	0.2	—	—	—
	2	—	—	—
	5	—	—	—
10	0.2	—	—	—
	2	39.44	29.44	36.8
	2	29.76	19.76	24.7
20	0.2	—	—	—
	2	38.98	18.98	23.725
	5	20.52	0.52	0.65
30	0.2	—	—	—
	2	46.76	16.76	20.95
	5	33.62	3.62	4.525
40	0.2	56.23	16.23	20.2875
	2	52.53	12.53	15.6625
	5	37.23	2.77	3.4625

续表

故障距离/km	过渡电阻/Ω	测量距离/km	误差/km	相对误差|R|/%
50	0.2	45.42	−4.58	−5.725
	2	47.88	−2.12	−2.65
	2	48.36	−1.64	−2.05
60	0.2	58.63	−1.37	−1.7125
	2	60.15	0.15	0.1875
	5	60.52	0.52	0.65
70	0.2	68.04	−1.96	−2.45
	2	70.09	0.09	0.1125
	5	70.26	0.26	0.325
75	0.2	76.25	1.25	1.5625
	2	74.41	−0.59	−0.7375
	5	75.25	0.25	0.3125

将不同故障距离、过渡电阻对应的测距相对误差画成三维图，如图 4-24 所示。

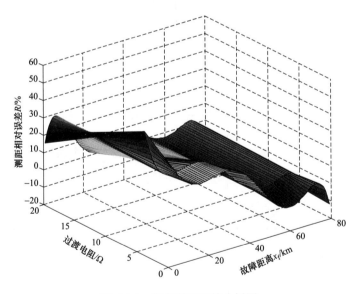

图 4-24　仿真测距误差分析图

下面讨论不同数据时窗对测距算法的影响，当距离换流站 60km 处于 0.8s 时刻发生接地故障，过渡电阻 4Ω，极址电阻为 0.5Ω。不同数据时窗对应的测距结果如表 4-19 所示。

表 4-19 不同数据时窗对应的测距结果

故障距离/km	数据时窗/s	测量距离/km	误差/km
60	0.80~0.82	60.139	0.139
	0.85~0.87	59.892	−0.108
	0.90~0.92	60.251	0.251
	0.95~0.97	60.581	0.581
	1.00~1.02	60.352	0.352
	1.05~1.07	60.245	0.245

算法评价：从以上测距仿真结果可以看出，本算法对近端故障测距失效。就故障过渡电阻而言，过渡电阻稍大时，其测距精度较高，这在某种意义上可以与直流分量法形成互补，但近端故障测距误差依然较大。数据时窗对测距算法基本没有影响。

第六节　接地极线路故障测距的时域电压法

在输电网络中，各种测距方法都是基于某种线路模型的产物。本章前面基于线路集中参数模型，提出并探讨了接地极线路基于主导谐波分量的频域测距算法。实际线路是分布参数，集中参数模型只能粗略表征线路特征，并不能准确体现接地极线路的分布特征。现代计算机技术的发展，使得微分方程可直接在时域中求解。在时域测距算法中，不需要时频域的转换，不需要区分暂态或稳态，故障过程中的数据都体现了故障特征，都可用于故障测距，直接将采样点代入测距方程即可求出故障距离。

本节采用接地极线路的贝杰龙模型，对两出线进行解耦，再根据线路的拓扑结构，利用换流站侧接地极线路出线端电压、电流采样值计算沿线分布电压，根据线路故障时故障点处电压时时相等的特性构建测距函数并求解出故障距离。

接地极线路仅在换流站侧的电压、电流量可测，在极址侧的电气量不可知。由于接地极的电阻一般已知或可由正常运行时电气量计算得出，针对接地极线路单线接地故障，可根据两出线绕过接地极构造类似"双端法"的测距算法。

根据线路的拓扑结构，建立接地极线路的贝杰龙模型；利用换流站测量端电气量，分别从不同方向计算沿线分布电压和分布电流；根据计算出来的沿线分布电压在故障点处时时相等的特性，构造故障定位函数。由前面的分析可知道，当接地极线路发生单线金属性接地故障时，故障点电压为全线电压最小值，可以从两个不同方向分别计算故障点电压，根据这两个故障点电压差值最小的特性构造测距函数；当发生高阻接地故障时，极址点电压为全线电压最小值，从两个不同方向分别计算极址点电压，根据这两个极址点电压差值最小的特性构造测距函数，求解测距函数即得故障距离。计算过程如下。

（1）对于金属性接地故障，故障点电压为全线电压最小值。利用故障后从不同方向计算出来的故障点电压时时相等的特点，列写测距函数的步骤如下。

①设故障距离为 x_f，根据第三章贝杰龙电压、电流沿线分布公式，由接地极线路测量端电压 u_M 和故障线路 l_2 的电流 i_1 计算故障点电压 u_{f1}。

②根据贝杰龙电压、电流沿线分布公式，由测量端电压 u_M 和非故障线路 l_1 的电流 i_1 计算极址点电压 u_g 和电流 i_3。

③由极址边界条件，故障线路 l_2 末端电流 $i=-u_g/R_r+i_3$，再由极址电压和故障线路 l_2 极址侧电流 i_4 计算故障点电压 u_{f2}。

④由故障点电压时时相等列写测距函数如下：

$$f_1(x) = \int_{t_1}^{t_2} \left| u_{f1}(x,t) - u_{f2}(x,t) \right| \mathrm{d}t \tag{4-81}$$

式中，t_1、t_2 为数据冗余时间。求得极址点特定时间电压值需 2 倍的全线传播时间，再由极址电气量计算全线电压分布也需 2 倍全线传播时间，所以利用首端电气量从不同方向推算线路单点电压需 4 倍全线传播时间，再加上式（4-81）冗余数据长度（3ms 左右），该算法所需数据长度 t_w 为

$$t_w = \frac{4l}{v} + t_2 - t_1 \tag{4-82}$$

输电线路波速 v 略低于光速，由式（4-82）可知，对于 100km 长的接地极线路，5ms 左右的数据时窗满足测距要求。当 t_1、t_2 一定时，$f_1(x)$ 为故障距离 x 的函数。

理论上，式（4-81）为零时所对应的 x 值即故障距离。但在实际计算中，由于舍入误差和计算精度的影响，式（4-81）很难取到零，一般将遍历求解其最小值时所对应 x 当作故障距离，即故障定位函数为

$$f(x_f) = \min\{f(x): x \in (0,l)\} \tag{4-83}$$

（2）对于高阻接地故障，极址点电压为全线电压最小值，利用故障后从不同方向计算出来的极址点电压时时相等的特点，列写测距函数的步骤如下。

①根据第三章贝杰龙电压、电流沿线分布公式，由测量端电压 u_M 和非故障线路 l_1 的电流 i_1 计算极址点电压 u_{g1}。

②设故障距离为 x_f，由测量端电压 u_M 和故障线路 l_2 的电流 i_2 计算故障点电压 u_f 和电流 i_5。

③设过渡电阻为 R_f，根据故障边界条件，得故障点流向极址点的电流 $i_6 = u_f / R_f - i_5$，$R_f \in [R_{min}, R_{max}]$，其中，$R_{min}$、$R_{max}$ 为过渡电阻的搜索范围，包含过渡电阻真实值。

④由故障点电压 u_f 和电流 i_6 计算极址点电压 u_{g2}。

⑤根据极址点电压时时相等列写测距函数如下：

$$f_2(x) = \int_{t_1}^{t_2} \left| u_{g1}(x,t) - u_{g2}(x,t) \right| dt \qquad (4\text{-}84)$$

当数据时窗 t_1、t_2 一定时，$f_2(x)$ 为故障距离 x 和过渡电阻 R_f 的函数。

由于接地过渡电阻未知，可通过二维搜索求解式（4-84）最小值时所对应的 x，即故障距离，相应故障定位函数为

$$f(x_f, R_f) = \min\{f(x): x \in (0, l), R_f \in (R_{min}, R_{max})\} \qquad (4\text{-}85)$$

为了快速获取计算结果，本文采用粒子群算法求解测距函数（4-83）和（4-85）。粒子群算法首先将故障距离与过渡电阻初始化为一群随机粒子，测距函数作为适应度函数，然后通过个体极值和全局极值迭代更新找到最优解，即故障距离。

基于本文第二章第三节仿真环境，本节仿真设置采样频率为 100kHz。在全线范围每隔 10km 设置一个故障点，对金属性接地故障与高阻接地故障分别采用故障定位函数（4-83）和（4-85），计算测距结果如表 4-20 和表 4-21 所示。

表 4-20 金属性接地故障测距结果

故障距离/km	测距结果/km	测距误差/km	相对误差/%
5	5.40	0.40	0.40
10	10.31	0.31	0.31
20	19.75	−0.25	−0.25
30	30.27	0.27	0.27
40	40.22	0.22	0.22
50	49.87	−0.13	−0.13
60	59.96	−0.04	−0.04
70	70.26	0.26	0.26
80	80.38	0.38	0.38
90	89.63	−0.27	−0.27
95	94.51	−0.49	−0.49

表 4-21 高阻接地故障测距结果

故障距离/km	测距结果/km	测距误差/km	相对误差/%
5	5.50	0.50	0.50
10	10.34	0.34	0.34
20	20.43	0.43	0.43
30	29.54	−0.46	−0.46
40	40.30	0.30	0.30
50	50.26	0.26	0.26
60	59.65	−0.35	−0.35
70	70.64	0.64	0.64
80	80.38	0.38	0.38
90	89.57	−0.43	−0.43
95	94.43	−0.57	−0.57

由仿真结果可见：该算法对金属性接地故障和高阻接地故障最大测距误差均小于 0.6km，最大测距相对误差在 0.6%范围内，具有较高的测距精度，并对全线范围内的接地故障均可实现精确定位。在实际工程中，接地极极址都经过良好接地，线路发生接地故障时，过渡电阻一般大于极址电阻，在本算法中都可看作高阻接地故障处理。

本 章 小 结

本章基于接地极线路的暂态录波数据研究各种测距算法。利用直流分量的故障测距方法，提取的是测量端电气量的直流分量，仅考虑接地极线路的直流电阻，该方法的抗干扰能力强，但是受过渡电阻影响较大，不适用于近端故障的测距。相比利用故障点两侧电压相等构成的测距方法，利用极址点两侧电压相等构成的测距方法能减少过渡电阻的影响，提高测距精度。利用谐波主导频率成分进行故障测距的方法属于频域法，提取的是测量端电气量的谐波分量，该方法受过渡电阻影响小，但是抗干扰能力差。基于线路分布参数的测距方法受故障点过渡电阻、线路分布电容的影响较小，但在线路末端靠近极址点处故障时，由于性质相似，不易区分，存在一定的测距误差。

综合利用直流分量和谐波分量的测距算法，对接地极线路全线故障测距效果较好。就过渡电阻而言,其值稍大时测距精度较高,可与基于直流分量的测距法形成互补。数据时窗对测距算法没有明显影响。基于现有暂态录波的故障测距方法,易于现场实现。基于贝杰龙模型的时域测距方法,其测距精度较高,但是本算法对测量端数据的采样率要求非常高(500kHz 以上),在目前的实际现场录波器(采样率为 6.4kHz)暂时还很难实现。

第五章　GUI 测距系统及其应用

图形用户界面（Graphical User Interface，GUI，又称图形用户接口）是指采用图形方式显示的计算机操作用户界面。与早期计算机使用的命令行界面相比，图形用户界面对于用户来说在视觉上更易于接受。

纵观国际相关产业在 GUI 设计方面的发展现状，许多国际知名公司早已意识到 GUI 在产品方面产生的强大增值功能，以及带动的巨大市场价值，因此在公司内部设立了相关部门专门从事 GUI 的研究与设计，同业间也成立了若干机构，以互相交流 GUI 设计理论与经验为目的。随着中国 IT 产业、移动通信产业、家电产业的迅猛发展，产品的人机交互界面设计水平发展日显滞后，这对提高产业综合素质、提升与国际同等业者的竞争能力等无疑起了制约的作用。

GUI 的广泛应用是当今计算机发展的重大成就之一，它极大地方便了非专业用户的使用。通过 GUI，人们不再需要死记硬背大量的命令，取而代之的是可以通过窗口、菜单、按键等方式来方便地进行操作。嵌入式 GUI 具有以下基本要求：轻型、占用资源少、高性能、高可靠性、便于移植、可配置等。

第一节　GUI 测距系统

GUI 测距界面展现了利用直流分量和谐波分量这两大类故障测距算法。其中，利用谐波分量的测距算法包括分布参数等效模型阻抗法、T 等效模型阻抗法、π 等效模型阻抗法。由于 R-L 等效模型阻抗法只在线路首端故障时有一定的测距精度，使用性太窄，在此不予采用。

利用 GUI 开发的简易用户测距界面，用户可以导入接地极故障录波数据进行故障测距。其主界面如图 5-1 所示。

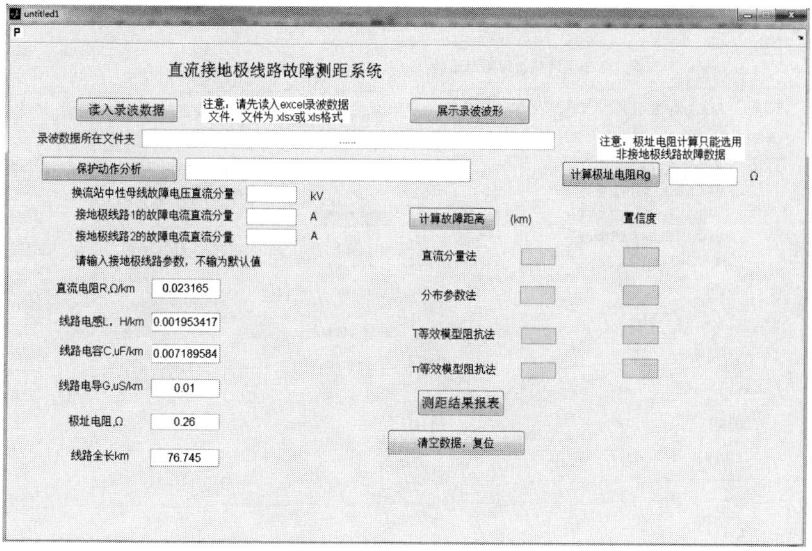

图 5-1 接地极线路故障测距系统主界面

在主界面中单击"读入录波数据"按钮，将弹出"读入录波数据"对话框，如图 5-2 所示。在"读入录波数据"对话框中，用户可选择录波文件，双击选择的文件，即可把录波文件读入测距系统。

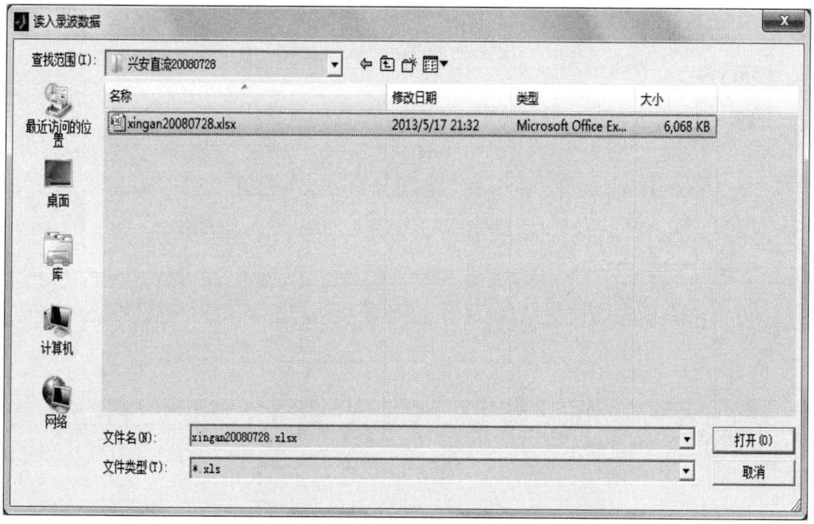

图 5-2 "读入录波数据"对话框

读入录波文件后，主界面便会显示录波文件的路径，如图 5-3 所示，以供下面计算调用该文件。

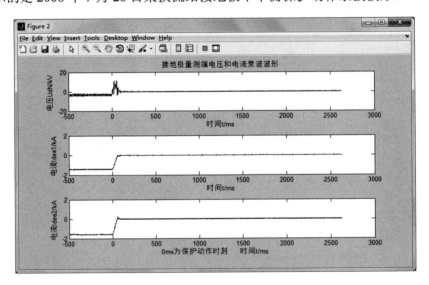

图 5-3　显示录波文件路径

单击"展示录波波形"按钮，便得到图 5-4 所示的故障录波波形。图 5-4 显示的是 2008 年 7 月 28 日某换流站接地极不平衡保护动作录波波形。

图 5-4　显示故障录波波形

单击"保护动作分析"按钮，得到图 5-5 所示的保护动作分析界面。

在实际接地极线路极址电阻未知的情况下，若导入接地极线路正常运行时的录波数据，单击"计算极址电阻 Rg"按钮便可得到图 5-6 所示的极址电阻计算界面。

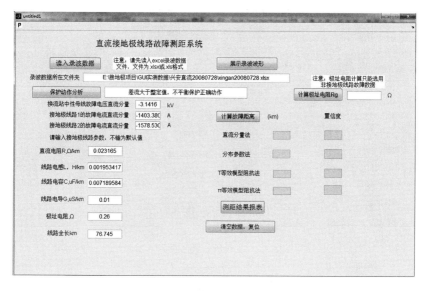

图 5-5 保护动作分析界面

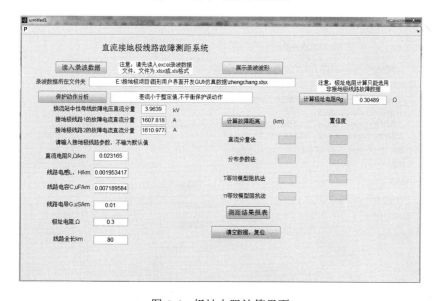

图 5-6 极址电阻计算界面

可以根据不同线路情况直接在相应文本框中修改线路参数，如图5-7所示。

之后利用不同算法进行故障测距。单击"计算故障距离"按钮，将在各种测距算法的右侧文本框中显示测距结果，并对应显示相应的置信度，如图 5-8所示。

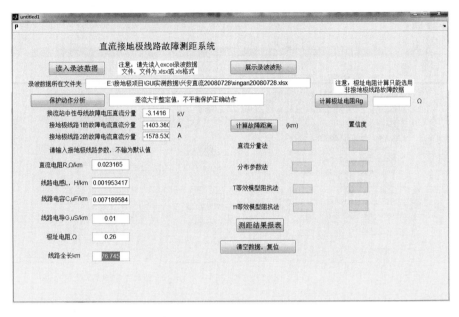

图 5-7　修改参数界面

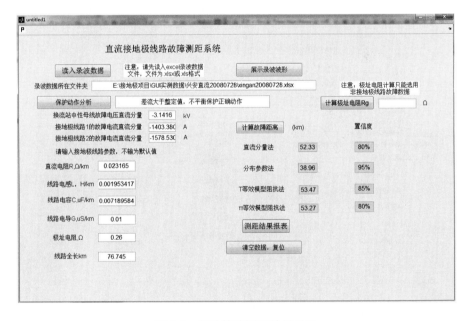

图 5-8　各种算法测距结果显示

　　最后单击"测距结果报表"按钮,将生成一张有关故障测距各项信息的 Word 报表,以便工作人员能够打印存档,同时了解详细故障信息,并做相关处理。

计算故障距离完成后，需要将录波数据和测距结果清空以备下次使用，可以单击"清空数据，复位"按钮完成，如图 5-9 所示，复位后即可重新导入数据再次进行测距。

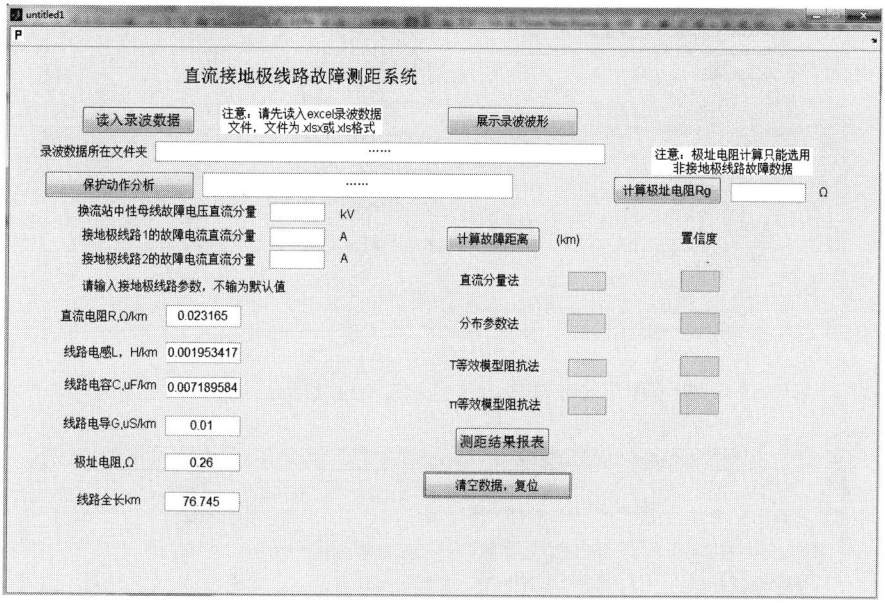

图 5-9 复位界面

在这个 GUI 中，用户可以很方便直观地导入接地极录波数据进行故障测距，测距完后可以单击"清空数据复位"按钮重新导入数据计算，在工程上的实际应用性好。

第二节 应用实例分析

在本章第一节中，将一组接地极线路实测故障录波数据代入各个算法中，均都能计算出正确的故障距离。若根据一组录波数据，确定接地极线路无故障，其可能是在接地极线路外部故障时录下的波形，将此组录波数据代入各算法中计算接地极线路故障距离，此时便把极址接地点当成故障点，得到的接地极线路故障距离应该为线路全长。基于这一思想可以验证测距算法的正确性。

现用实测录波数据验证各个测距算法的正确性，如图 5-10～图 5-12 所示。

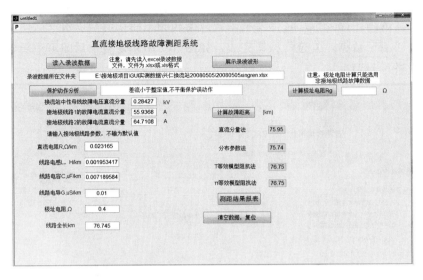

图 5-10　2008 年 5 月 5 日某换流站故障录波数据

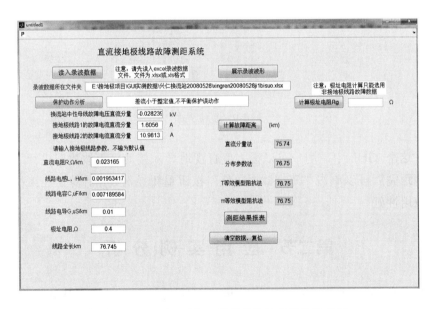

图 5-11　2008 年 5 月 28 日某换流站故障录波数据

　　以上三组录波数据都不是接地极保护动作的录波数据，而是接地线路外部保护动作的录波数据。可以看出，计算的故障距离除谐波分量法外，其他约等于线路全长，说明其他四种算法正确性比较高。

　　下面再用接地极保护动作后的录波数据进行测距，如图 5-13 和图 5-14 所示。

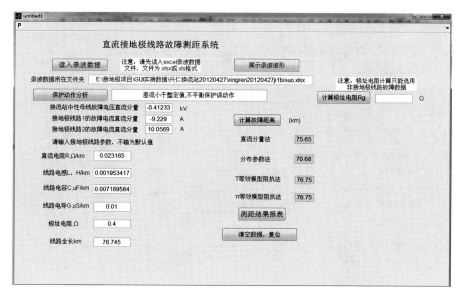

图 5-12　2012 年 4 月 27 日某换流站故障录波数据

图 5-13　2008 年 7 月 28 日某换流站故障录波数据（保护动作以后的数据）

可以看出，采用保护动作以后的录波数据，将导致测距失效。这是由于接地极线路保护动作后导致接地极线路上的电压、电流降到零附近，接地极上的电流为残留电流。而保护动作前的数据为故障稳态数据，可以得到故障距离值。

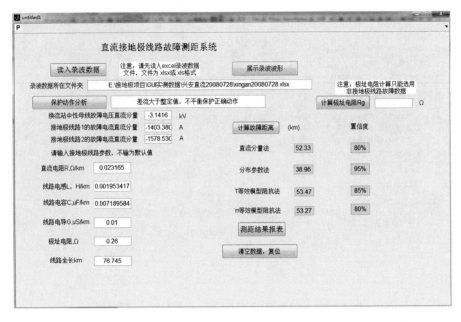

图 5-14　2008 年 7 月 28 日某换流站故障录波数据（保护动作以前的数据）

本 章 小 结

本章利用 GUI 开发简易用户测距界面：用户可以利用这个界面导入接地极录波数据进行故障测距。工程技术人员通过这个界面可以方便、直观地进行故障录波数据分析，确定故障距离。若根据一组录波数据，确定接地极线路无故障，其可能是在接地极线路外部故障时录下的波形，将此组录波数据代入各算法中计算接地极线路故障距离，此时便把极址接地点当成故障点，得到的接地极线路故障距离应该为线路全长。

第三部分　基于行波数据的接地极线路
故障测距技术

第六章　接地极线路故障行波特性

　　本章主要介绍行波测距基本原理，并研究接地极线路的故障行波特征。线路故障瞬间将从故障点向线路两侧发出速度接近于光速的暂态行波，行波测距法通过检测装置检测行波波头到达线路首末端的时刻，进而确定故障距离。早期行波法按照测距原理的不同，一般可分为 A、B、C 三类。A 型是根据故障点产生的行波在测量端（单端）至故障点往返的时间与行波波速之积来确定故障位置；B 型是利用通信通道获得故障点行波到达两端的时间差与波速之积来确定故障点位置；C 型则在故障发生时于线路的一端施加高频或直流脉冲，根据其从发射装置到故障点的往返时间实现故障测距。

　　在 A、B、C 型三种测距方法中，A 型和 B 型都是直接利用故障点产生的行波而不需外加高频或直流脉冲，对于瞬时性故障和永久性故障均有较好的适用性，而 C 型只适用于永久性故障。另外，A 型和 C 型为单端测距，不需要线路两端通信，但 B 型是双端测距，需要双端通信。

第一节　行波测距基本原理

一、单端行波测距原理

　　根据所检测反射波性质的不同，单端行波的运行模式分为三种，即标准模式、扩展模式和综合模式。下面以故障产生的电流行波为例，对不同模式下的单端行波测距原理进行阐述。

　　1. 标准模式

　　标准模式下的单端行波故障测距原理：利用接地极线路故障时在测量端（换

流站）感受到的第一个正向行波浪涌与其在故障点反射波之间的时延计算测量点到故障点之间的距离。

如图 6-1（a）所示，假定 M 端为测量端。当接地极线路 MN 内部 F 点发生故障时，由故障点电压突变而产生的暂态行波将以速度 v（接近光速，具体取决于线路分布参数）从故障点向线路两端传播。

设行波从换流站到故障点的传播方向为正方向，则故障初始行波浪涌到达测量端时形成本端第一个反向行波浪涌，记为 $i_1^-(t)$。该行波浪涌在换流站的反射波形成本端第一个正向行波浪涌，记为 $i_1^+(t)$，它将向着故障点方向传播。行波浪涌 $i_1^+(t)$ 在故障点的反射波返回测量端时表现为反向行波浪涌，记为

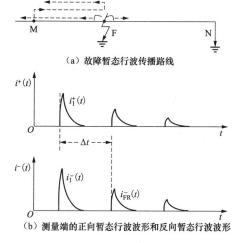

(a) 故障暂态行波传播路线

(b) 测量端的正向暂态行波波形和反向暂态行波波形

图 6-1　A 型单端行波故障测距原理
示意图（标准模式）

$i_{FR}^-(t)$。假定不考虑来自极址反射波的影响，则接地极线路故障时在测量端感受到的正向暂态行波波形和反向暂态行波波形将如图 6-1（b）所示。

设行波浪涌 $i_1^+(t)$ 和 $i_{FR}^-(t)$ 之间的时间延迟为 Δt，它显然等于故障暂态行波在测量点与故障点之间往返一次的传播时间，因而测量点到故障点之间的距离可以表示为

$$D_{MF} = \frac{1}{2} v \Delta t \qquad (6-1)$$

式中，v 为波速度。

为了实现标准模式下的 A 型单端行波故障测距原理，在测量端必须能够准确、可靠地检测到故障引起的第一个正向行波浪涌在故障点的反射波。

2. 扩展模式

扩展模式下的 A 型单端行波故障测距原理：利用线路故障时在测量端感受到的第一个反向行波浪涌与经过故障点透射过来的故障初始行波浪涌在极址反射波之间的时延计算极址到故障点之间的距离。

故障初始行波浪涌在极址的反射波到达故障点时将透过故障点向着测量端方向传播，如图 6-2（a）所示。该透射波到达测量点时表现为反向行波浪涌，记为 $i_{NR}^-(t)$。在这种情况下，测量端感受到的正向暂态行波波形和反向暂态行

波形将如图 6-2（b）所示。

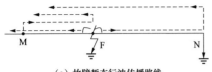

（a）故障暂态行波传播路线

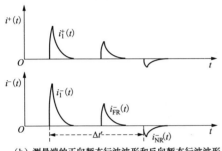

（b）测量端的正向暂态行波波形和反向暂态行波波形

图 6-2　A 型单端行波故障测距原理
示意图（扩展模式）

设行波浪涌 $i_1^-(t)$ 和 $i_{NR}^-(t)$ 之间的时间延迟为 $\Delta t'$，它显然等于故障暂态行波在故障点与极址之间往返一次的传播时间，因而极址到故障点之间的距离可以表示为

$$D_{NF} = \frac{1}{2}v\Delta t' \qquad (6\text{-}2)$$

为了实现扩展模式下的 A 型单端行波故障测距原理，在测量端必须能够准确、可靠地检测到经故障点透射过来的故障初始行波浪涌在极址的反射波。

当故障点对暂态行波的反射系数较小时（高阻故障），在测量端可能检测不到本端第一个正向行波浪涌在故障点的反射波，从而导致标准模式下的 A 型单端行波故障测距原理失效。在这种情况下，扩展模式下的 A 型单端行波故障测距原理却能很好地发挥作用。

3. 综合模式

综合模式下的 A 型单端行波故障测距原理：利用接地极线路故障时在测量端感受到的第一个正向行波浪涌与第二个反向行波浪涌之间的时延计算本端测量点或极址到故障点之间的距离。

分析表明，故障初始行波浪涌到达换流站和极址时都能够产生幅度较为明显的反射波。可见，当接地极线路发生故障时，测量端感受到第一个正向行波浪涌和第一个反向行波浪涌的时间是相同的。测量端感受到的第二个反向行波浪涌既可以是第一个正向行波浪涌在故障点的反射波（当故障点位于接地极线路中点以内时），也可以是经过故障点透射过来的故障初始行波浪涌在极址的反射波（当故障点位于接地极线路中点以外时），还可以是二者的叠加（当故障点正好位于接地极线路中点时）。对于高阻故障（故障点反射波较弱），即便故障点位于接地极线路中点以内，在测量点感受到的第二个反向行波浪涌也有可能为极址反射波。对于故障点电弧过早熄灭的故障（故障点不存在反射波），无论故障点位置如何，在测量点感受到的第二个反向行波浪涌均为极址反射波。

因此，当接地极线路故障时，如果在测量端能够正确识别所感受到第二个反向行波浪涌的性质，即可实现单端行波故障测距。具体说来，当第二个反向行波浪涌为本端第一个正向行波浪涌在故障点的反射波时，二者之间的时间延迟对应于本端测量点到故障点之间的距离；当第二个反向行波浪涌为极址反射波时，它与本端测量点第一个正向行波浪涌之间的时间延迟对应于极址到故障点之间的距离。

可见，为了实现综合模式下的单端行波故障测距原理，在测量端必须能够准确、可靠地检测到故障引起的第二个反向行波浪涌并识别其性质。

二、双端行波测距原理

当接地极线路内部发生故障时，在线路两端将感受到由故障初始行波浪涌所引起的电流暂态故障分量。显然，线路两端出现电流暂态故障分量的时间即故障初始行波浪涌到来的时间，因此可以利用线路两端（须具有统一的时钟）感受到电流暂态故障分量的绝对时间之差计算故障点到线路两端测量点之间的距离，从而实现双端行波故障测距。

双端行波测距原理利用接地极线路内部故障产生的初始行波浪涌到达线路两端测量点时的绝对时间之差计算故障点到两端测量点之间的距离。

如图 6-3 所示，设故障初始行波浪涌以相同的传播速度 v 到达换流站 M 点和极址 N 点（形成各端第一个反向行波浪涌）的绝对时间分别为 T_M 和 T_N，则存在以下关系：

$$\begin{cases} \dfrac{D_{MF}}{v} - \dfrac{D_{NF}}{v} = T_M - T_N \\ D_{MF} + D_{NF} = L \end{cases} \tag{6-3}$$

式中，D_{MF} 和 D_{NF} 分别为 M 端和 N 端到故障点的距离；L 为接地极线路 MN 的长度。

通过求解上述方程组可以获得 M 端和 N 端到故障点的距离，并且可以表示为

$$\begin{cases} D_{MF} = \dfrac{1}{2}[v(T_M - T_N) + L] \\ D_{NF} = \dfrac{1}{2}[v(T_N - T_M) + L] \end{cases} \tag{6-4}$$

为了准确标定故障初始行波浪涌到达接地极线路两端的时刻，线路两端必

须配备高精度和高稳定度的实时时钟,而且两端时钟必须保持精确同步。另外,实时对线路两端的电气量进行同步高速采集,并且对故障暂态波形进行存储和处理是十分必要的。

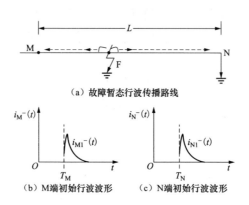

图 6-3 D 型双端行波故障测距原理示意图

第二节 接地极线路故障暂态行波的产生机理

直流接地极系统主要包括直流接地极线路和接地极,直流接地极线路是连接直流中性母线与接地极的直流线路,采用双回并行架空线路,在接地极极址处通过接地极接入大地。直流接地极系统示意图如图 6-4 所示。

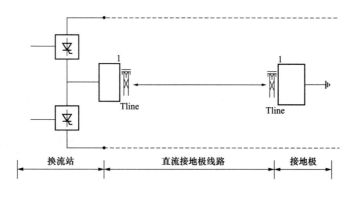

图 6-4 直流接地极系统示意图

直流接地极线路发生接地故障时,由于故障点处电压突变,线路上将产生暂态行波过程。假设直流接地极线路是线性电路,则其故障暂态行波过程可以利用叠加原理来分析。

以直流接地极线路发生单线接地故障为例，其等效网络如图 6-5 所示，其中 M 端表示换流站直流中性母线出线处，N 端表示接地极极址处。直流接地极线路发生故障的情况可看作发生故障的瞬间在故障点与大地间串接一过渡电阻及两个幅值相同但极性相反的附加直流电压源，如图 6-5（a）所示，其中网络 AM 和 AN 分别为直流中性母线侧和接地极处的等效网络。假设线路在故障发生前处于稳态，附加直流电压源的电压 U_F 选取故障点处在故障发生前处于稳态时的电压，由此故障网络可以分解为两种：正常负荷网络与故障附加网络，分别如图 6-5（b）和图 6-5（c）所示，故障发生时产生的暂态行波过程在故障附加网络中。

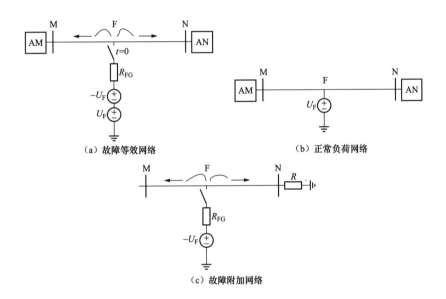

（a）故障等效网络　　　　　　　（b）正常负荷网络

（c）故障附加网络

图 6-5　接地极线路故障暂态行波的产生

第三节　接地极线路故障初始行波模量分析

直流接地极线路的故障暂态行波含有零模和线模两种独立的模分量，不同模行波分量的传播特性是不同的。

设故障点的两线电压分别为 u_{F1} 和 u_{F2}，两线电流分别为 i_{F1} 和 i_{F2}，则故障点的零模电压、电流分量（用下标"0"表示）和线模电压、电流分量（用下标"α"表示）分别可以表示为

$$\begin{cases} u_{F0} = \dfrac{1}{\sqrt{2}}(u_{F1} + u_{F2}) \\ i_{F0} = \dfrac{1}{\sqrt{2}}(i_{F1} + i_{F2}) \end{cases} \tag{6-5}$$

$$\begin{cases} u_{F\alpha} = \dfrac{1}{\sqrt{2}}(u_{F1} - u_{F2}) \\ i_{F\alpha} = \dfrac{1}{\sqrt{2}}(i_{F1} - i_{F2}) \end{cases} \tag{6-6}$$

一、单线接地故障

接地极线路单线（以线 1 为例）接地故障时的故障附加网络如图 6-6 所示。附加电压源的电压表示为

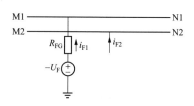

图 6-6　接地极线路单线接地
故障时的故障附加网络

$$U_{F1} = U_{M1} - I_{M1}R'L \tag{6-7}$$

式中：U_{M1} 和 I_{M1} 分别为 M 端在正常运行情况下的线 1 稳态电压和电流信号；R' 为直流线路每千米的电阻；L 为故障点到 M 端的距离。

故障点的边界条件为

$$\begin{cases} u_{F1} = -U_{F1} - i_{F1}R_{FG} \\ i_{F2} = 0 \end{cases} \tag{6-8}$$

相应的模域边界条件为

$$\begin{cases} u_{F\alpha} + u_{F0} = -\sqrt{2}U_{F1} - 2i_{F\alpha}R_{FG} \\ i_{F\alpha} = i_{F0} \end{cases} \tag{6-9}$$

式中，R_{FG} 是故障点的过渡电阻，其值影响行波浪涌模量的幅值。

根据式（6-9）可以画出接地极线路单线接地故障模量附加等效网络，如图 6-7 所示。其中，Z_2、Z_0 分别为线模阻抗、零模阻抗。可见，故障点的零模分量和线模分量是不独立的，互相存在着电的耦合，线模电流和零模电流相等。

由图 6-7 可以求得故障点各模初始行波浪涌电压：

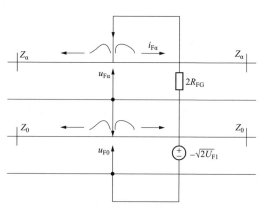

图 6-7　接地极线路单线接地故障
模量附加等效网络

$$\begin{cases} u_{F0} = -\dfrac{\sqrt{2}Z_0}{Z_a + Z_0 + 4R_{FG}} U_{Fl} \\[4mm] i_{Fa} = -\dfrac{\sqrt{2}Z_a}{Z_a + Z_0 + 4R_{FG}} U_{Fl} \end{cases} \tag{6-10}$$

二、两线短路故障

接地极线路两线短路故障时的故障附加网络如图 6-8 所示，其中 R_F 为极间过渡电阻，两个附加电压源的电压可以表示为

$$\begin{cases} U_{F1} = U_{M1} - I_{M1}R'L \\ U_{F2} = U_{M2} - I_{M2}R'L \end{cases} \tag{6-11}$$

式中，U_{M1} 和 I_{M1} 分别为 M 端在正常运行情况下的线 1 稳态电压和电流信号；U_{M2} 和 I_{M2} 分别为 M 端在正常运行情况下的线 2 稳态电压和电流信号；R'为接地极线路每千米的电阻；L 为故障点到 M 端的距离。

故障点的边界条件为

$$\begin{cases} i_{F1} = -i_{F2} \\ u_{F1} - u_{F2} = -U_{F1} + U_{F2} - i_{F1}R_F \end{cases} \tag{6-12}$$

相应的模域边界条件为

$$\begin{cases} i_{F0} = 0 \\[2mm] u_{Fa} = \dfrac{1}{2}(-U_{F1} + U_{F2}) - \dfrac{1}{2}i_{Fa}R_F \end{cases} \tag{6-13}$$

式中，R_F 是故障点两线之间的过渡电阻，其值影响行波浪涌模量的幅值。

可见，两线短路故障时只产生线模行波浪涌，而不产生零模行波浪涌。根据式（6-13）可以画出直流线路两线短路故障时的线模附加等效网络，如图 6-9 所示。

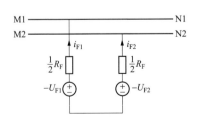

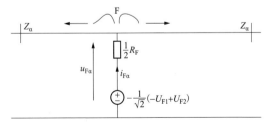

图 6-8　接地极线路两线短路
故障时的故障附加网络

图 6-9　直流线路两线短路故障时的
线模附加等效网络

由图 6-9 可以求得故障点线模初始行波浪涌电压：

$$u_{Fa} = -\frac{Z_a}{\sqrt{2}(Z_a + R_F)}(-U_{F1} + U_{F2})\qquad(6\text{-}14)$$

值得一提的是，如果接地极线路任一点的两线电压相同（两线平衡运行），则根据图 6-9 可知，接地极线路发生两线短路故障时故障点也不会产生线模行波，即两线平衡运行情况下，接地极线路不会产生行波浪涌。

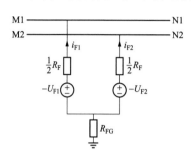

图 6-10　接地极线路两线短路接地
故障时的故障附加网络

三、两线短路接地故障

接地极线路两线短路接地故障时的故障附加网络如图 6-10 所示。

附加电压源的电压表示为

$$U_{F1} = U_{M1} - I_{M1}R'L\qquad(6\text{-}15)$$
$$U_{F2} = U_{M2} - I_{M2}R'L\qquad(6\text{-}16)$$

式中，U_{M1} 和 I_{M1} 分别为 M 端在正常运行情况下的线 1 稳态电压和电流信号；U_{M2} 和 I_{M2} 分别为 M 端在正常运行情况下的线 2 稳态电压和电流信号；R' 为直流线路每千米的电阻；L 为故障点到 M 端的距离。

故障点的边界条件为

$$\begin{cases} u_{F1} = -U_{F1} - \dfrac{1}{2}i_{F1}R_F - (i_{F1} + i_{F2})R_{FG} \\[2mm] u_{F2} = -U_{F2} - \dfrac{1}{2}i_{F2}R_F - (i_{F1} + i_{F2})R_{FG} \end{cases}\qquad(6\text{-}17)$$

相应的模域边界条件为

$$\begin{cases} u_{F\alpha} = \dfrac{1}{\sqrt{2}}(-U_{F1} + U_{F2}) - \dfrac{1}{2}i_{F\alpha}R_F \\[2mm] u_{F0} = \dfrac{1}{\sqrt{2}}(-U_{F1} - U_{F2}) - i_{F0}\left(\dfrac{1}{2}R_F + 2R_{FG}\right) \end{cases}\qquad(6\text{-}18)$$

式中，R_{FG} 是故障点的过渡电阻，其值影响行波浪涌模量的幅值。

可见，两线短路接地故障时将同时产生零模行波波涌和线模行波浪涌，且行波浪涌的模值大小与故障点过渡电阻的大小有关。接地极线路两线短路接地故障模量附加等效网络如图 6-11 所示。图 6-11 表明故障点的零模分量和线模分量是相互独立的。

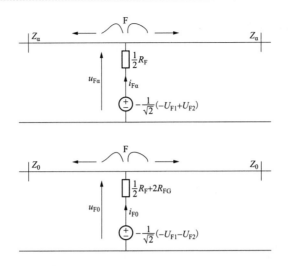

图 6-11　接地极线路两线短路接地故障模量附加等效网络

由图 6-11 可以求得故障点各模初始行波浪涌电压：

$$\begin{cases} u_{F\alpha} = \dfrac{Z_\alpha}{\sqrt{2}(Z_\alpha + R_F)}(-U_{F1} + U_{F2}) \\[4mm] u_{F0} = \dfrac{Z_o}{\sqrt{2}(Z_0 + R_F + 4R_{FG})}(-U_{F1} + U_{F2}) \end{cases}$$

(6-19)

值得一提的是，如果接地极线路任一点的两线电压相同（两线平衡运行），则根据图 6-11 可知，接地极线路发生两线短路接地故障时故障点不会产生线模行波。

通过对三种故障类型初始行波模量的分析，由式（6-10）、式（6-14）、式（6-19）可以得出不同故障类型故障点产生的各模初始行波浪涌幅值不同，其中故障点过渡电阻的大小影响行波浪涌的幅值。

第四节　故障初始行波的传播特性分析

根据导线单位长度的电场能与单位长度的磁场能恒相等的规律，行波在波阻抗不连续点必然要发生行波的折射与反射。接地极线路由换流站直流中性母线引出，经双回架空线路到极址处然后接入大地。当接地极线路发生故障时产生向两边传播的故障行波，故障行波传播至中性母线和极址处会发生折、反射。下面分别分析接地极线路故障时产生的零模行波和线模行波在直流中性母线处和极址处的传播特性。

设直流接地极线路 M 端的两线电压分别为 u_{M1} 和 u_{M2}，两线电流分别为 i_{M1} 和 i_{M2}，则 M 端零模电压、电流分量（用下标"0"表示）和线模电压、电流分量（用下标"α"表示）分别可以表示为

$$\begin{cases} u_{M0} = \dfrac{1}{\sqrt{2}}(u_{M1} + u_{M2}) \\[2mm] i_{M0} = \dfrac{1}{\sqrt{2}}(i_{M1} + i_{M2}) \end{cases} \tag{6-20}$$

$$\begin{cases} u_{M\alpha} = \dfrac{1}{\sqrt{2}}(u_{M1} - u_{M2}) \\[2mm] i_{M\alpha} = \dfrac{1}{\sqrt{2}}(i_{M1} - i_{M2}) \end{cases} \tag{6-21}$$

同理，设直流接地极线路 N 端的两线电压分别为 u_{N1} 和 u_{N2}，两线电流分别为 i_{N1} 和 i_{N2}，则 N 端零模电压、电流分量和线模电压、电流分量分别可以表示为

$$\begin{cases} u_{N0} = \dfrac{1}{\sqrt{2}}(u_{N1} + u_{N2}) \\[2mm] i_{N0} = \dfrac{1}{\sqrt{2}}(i_{N1} + i_{N2}) \end{cases} \tag{6-22}$$

$$\begin{cases} u_{N\alpha} = \dfrac{1}{\sqrt{2}}(u_{N1} - u_{N2}) \\[2mm] i_{N\alpha} = \dfrac{1}{\sqrt{2}}(i_{N1} - i_{N2}) \end{cases} \tag{6-23}$$

一、行波在母线处的传播特性

在直流中性母线（M 端）的边界条件为

$$u_{M1} = u_{M2} \tag{6-24}$$

相应的模域边界条件为

$$\begin{cases} u_{M\alpha} = 0 \\[2mm] i_{M\alpha} + i_{M0} = \sqrt{2}\,i_{M1} \end{cases} \tag{6-25}$$

根据式（6-25）可以画出直流中性母线处的行波传播特性图，如图 6-12 所示。

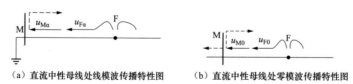

（a）直流中性母线处线模波传播特性图　　（b）直流中性母线处零模波传播特性图

图 6-12　直流中性母线处的行波传播特性图

从图 6-12 可以得出在中性母线处线模行波发生了全反射，而零模行波既有反射也有透射（透射到直流中性母线）。

二、行波在极址处的传播特性

在极址处（N 端）的边界条件为

$$u_{N1} = u_{N2} \qquad (6\text{-}26)$$

相应的模域边界条件为

$$\begin{cases} u_{N\alpha} = 0 \\ i_{N\alpha} + i_{N0} = \sqrt{2}\, i_{N1} \end{cases} \qquad (6\text{-}27)$$

根据式（6-27）可以画出极址处的行波传播特性图，如图 6-13 所示。

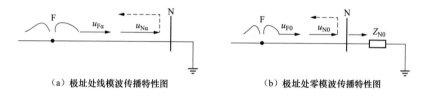

（a）极址处线模波传播特性图　　　　　　（b）极址处零模波传播特性图

图 6-13　极址处的行波传播特性图

从图 6-13 可以得出在极址处线模行波发生了全反射，而零模行波没有发生全反射，有部分行波经接地极流入大地。

本　章　小　结

本章介绍了适用于接地极线路故障测距的单端、双端行波测距原理，研究了接地极线路故障行波的产生机理，并将暂态行波定义成零模和线模两种分量，研究接地极线路发生各种故障时两种模分量的边界条件，最后分析了故障行波在母线和极址处的传播特征，为后面的行波测距做铺垫。

第七章　接地极线路行波故障测距仿真分析

第一节　仿真模型与参数设置

一、仿真模型

图 7-1 和图 7-2 分别为直流输电系统在双极运行方式和单极运行方式下的接地极线路行波故障测距仿真模型。图 7-3 为接地极线路发生接地故障时的行波故障测距仿真电路模型。其中，U_F 为接地极线路故障前故障点的电压；C_1 为等效电容；R_{FG} 为故障电阻；R_g 为极址电阻。

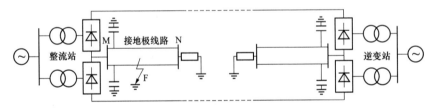

图 7-1　直流输电系统双极运行方式下的接地极线路行波故障测距仿真模型

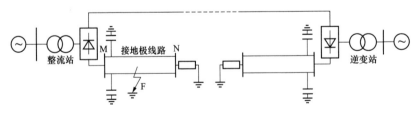

图 7-2　直流输电系统单极运行方式下的接地极线路行波故障测距仿真模型

图 7-4 为直流输电系统接地极线路发生雷击时的行波测距仿真模型，其中

$i_L(t)$ 为雷击点的等效电流源。

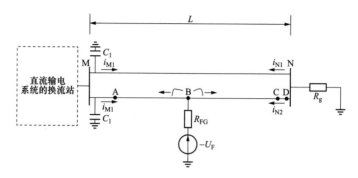

图 7-3　接地极线路发生接地故障时的行波故障测距仿真模型

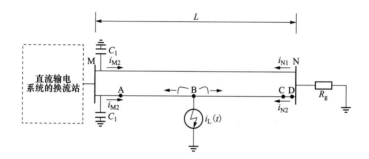

图 7-4　直流输电系统接地极线路发生雷击时的行波测距仿真模型

二、仿真参数的设置与计算

1. 基本参数

（1）线路参数。

接地极线路长度：$L = 80 \text{km}$。

电阻：$R_1 = 1.74 \times 10^{-5} \Omega/\text{m}$，$R_0 = 0.0001847 \Omega/\text{m}$。

电感：$L_1 = 0.000967 \text{mH/m}$，$L_0 = 0.003601 \text{mH/m}$。

电容：$C_1 = 1.203 \times 10^{-5} \mu\text{F/m}$，$C_0 = 7.52 \times 10^{-6} \mu\text{F/m}$。

（2）过电压吸收电容：$C_1 = 0.02 \mu\text{F}$。

（3）波速度。

1 模行波波速度为

$$v_1 = \frac{1}{\sqrt{L_1 C_1}} = \frac{1}{\sqrt{(0.967 \times 10^{-6}) \times (1.203 \times 10^{-11})}} \approx 2.9319 \times 10^8 (\text{m/s})$$

0 模行波波速度为

$$v_0 = \frac{1}{\sqrt{L_0 C_0}} = \frac{1}{\sqrt{(3.601 \times 10^{-6}) \times (7.52 \times 10^{-12})}} \approx 1.9217 \times 10^8 (\text{m/s})$$

（4）极址接地电阻。

极址接地电阻一般小于 1Ω，根据某些直流输电工程的实际情况，接地电阻选取为 $R_g = 0.3\Omega$。

（5）故障点过渡电阻分为 $R_{FG} = 5\Omega$ 和 $R_{FG} = 20\Omega$ 两种情况。

（6）故障发生时刻：0s。

2. 接地极线路负荷电流的选取

（1）双极运行方式。在双极平衡运行方式下，接地极线路中的负荷电流为不平衡电流，每条线路中的负荷电流取 $I_L = 20\text{A}$。

选取依据：当直流系统双极运行电流相等时，接地极线路中无电流流过，实际上仅为两极的不平衡电流，通常小于额定电流的 1%。根据多个直流输电工程的实际情况，接地极线路中总的不平衡电流一般不超过 40A。

（2）单极运行方式。在单极运行方式下，接地极线路中的负荷电流与直流系统运行极线路中的负荷电流相同，每根线路负荷电流可取为 $I_L = 1500\text{A}$。

选取依据：根据多个直流输电工程的实际情况，单极运行方式下的线路负荷电流一般为 3000A 左右。

3. 接地极线路故障前故障点电压的计算

在仿真中设置了 A、B、C、D 共四个故障点，各故障点与换流站（设为 M）之间的距离依次为 10km、40km、75km 和 79km。

接地极线路故障前故障点电压的计算公式如下：

$$U_F = I_L(L - D_{MF})R_1 + 2I_L R_g \tag{7-1}$$

式中，U_F 为接地极线路故障前故障点 F 的电压；I_L 为每根接地极线路中的负荷电流；L 为接地极线路的长度；D_{MF} 为故障点 F 与换流站 M 之间的距离；R_1 为接地极线路每千米的线模电阻；R_g 为极址处的接地电阻。

根据式（7-1），可以计算出双极运行方式下 A、B、C、D 各故障点（故障类型均为单根导线接地故障）在故障前的电压依次为 36.36V、25.92V、13.74V 和 12.348V；单极运行方式下 A、B、C、D 各故障点（故障类型均为单根导线接地故障）在故障前的电压依次为 2727V、1944V、1030.5V 和 926V。

4. 雷电波仿真参数

雷电流波形一般采用双指数表达式来描述：

$$i_L(t) = KI_m(e^{At} - e^{Bt}) \qquad (7\text{-}2)$$

式中，K、I_m、A、B 均为常数，由雷电流波形参数确定。

表 7-1 给出了几种常见的双指数雷电流波形参数。

表 7-1   几种常见的双指数雷电流波形参数

波形（波前时间/半峰时间）	K	$-A$（μs^{-1}）	$-B$（μs^{-1}）
0.25/100 μs	1.002	0.007	34
2.6/50 μs	1.058	0.015	1.86
10/350 μs	1.025	1.025	0.564

实测表明，雷电流的波前时间在 1～5μs 范围内，平均为 2～2.5μs。《交流电气装置的过电压保护和绝缘配合》（DL/T 620—1997）标准中推荐取 2.6μs。雷电流半峰值时间一般为 20～100μs，平均约为 50μs。故在本仿真中雷电流的波形参数选取为 2.6/50μs，峰值 I_m 取 200kA，相应的雷电流表达式为

$$i_L(t) = 1.058200(e^{-0.015t} - e^{-1.86t}) \qquad (7\text{-}3)$$

相应的雷电流波形如图 7-5 所示。

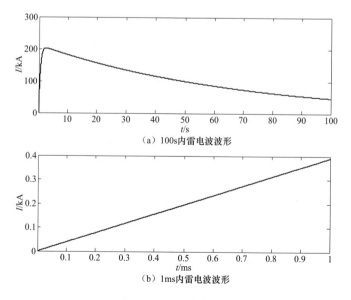

（a）100s内雷电波波形

（b）1ms内雷电波波形

图 7-5   雷电流波形

第二节　直流输电系统双极运行方式下的接地极线路行波故障测距仿真

一、接地故障

1. 过渡电阻 $R_{FG}=5\Omega$ 时的行波故障测距仿真

（1）双端行波故障测距仿真。图 7-6～图 7-9 分别给出了接地极线路 MN 上 A、B、C、D 点发生单线（第 2 线）对地故障时，接地极线路两端暂态电流（i_{M2} 和 i_{N2}）的波形。

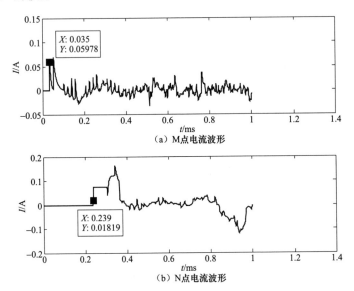

图 7-6　A 点故障产生的暂态电流波形（$R_{FG}=5\Omega$）

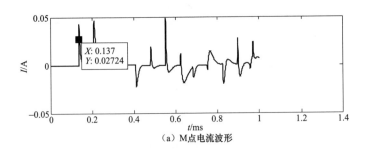

图 7-7　B 点故障产生的暂态电流波形（$R_{FG}=5\Omega$）（一）

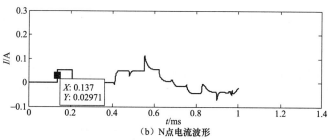

（b）N点电流波形

图7-7　B点故障产生的暂态电流波形（$R_{FG} = 5\Omega$）（二）

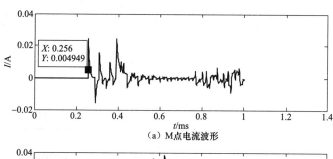

（a）M点电流波形

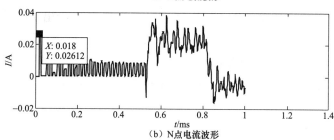

（b）N点电流波形

图7-8　C点故障产生的暂态电流波形（$R_{FG} = 5\Omega$）

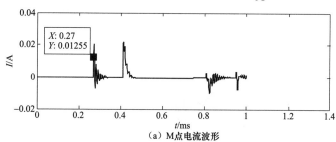

（a）M点电流波形

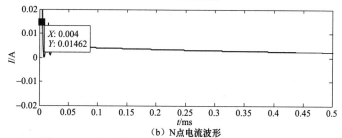

（b）N点电流波形

图7-9　D点故障产生的暂态电流波形（$R_{FG} = 5\Omega$）

根据式（7-1），可以计算出每次故障时的双端行波故障测距结果，如表 7-2 所示。

表 7-2　双极运行方式下发生接地故障（$R_{FG} = 5\Omega$）时的双端行波故障测距结果

两端波头时刻 \ 故障点		A 点 (10km)	B 点 (40km)	C 点 (75km)	D 点 (79km)
M 端 第一个波头	到达时刻 T_M/μs	35	137	256	270
	幅值/A	0.05978	0.02724	0.00495	0.01255
N 端 第一个波头	到达时刻 T_N/μs	239	137	18	4
	幅值/A	0.01819	0.02971	0.02612	0.01462
计算出离 M 端的故障距离/km		10.095	40.000	74.889	78.994
绝对测距误差/km		0.095	0.000	0.111	0.006

（2）单端行波故障测距仿真。图 7-10～图 7-13 分别给出了接地极线路 MN 上 A、B、C、D 点发生单线（第 2 线）对地故障时，接地极线路 M 端的正向和反向电流暂态行波（线模分量）波形。

根据式（7-1）或式（7-2），可以计算出每次故障时的单端行波故障测距结果，如表 7-3 所示。

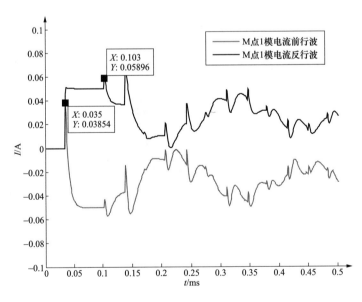

图 7-10　A 点故障时 M 端的电流暂态行波（线模分量）波形（$R_{FG} = 5\Omega$）

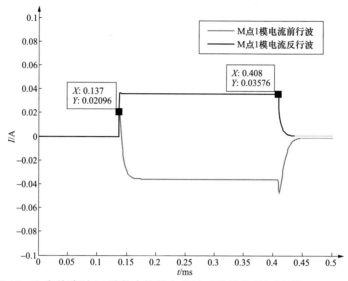

图 7-11 B 点故障时 M 端的电流暂态行波（线模分量）波形（$R_{FG} = 5\Omega$）

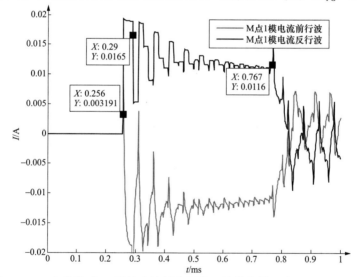

图 7-12 C 点故障时 M 端的电流暂态行波（线模分量）波形（$R_{FG} = 5\Omega$）

表 7-3 双极运行方式下发生接地故障（$R_{FG} = 5\Omega$）时的单端行波故障测距结果

M 端行波	A 点（10km）		B 点（40km）		C 点（75km）		D 点（79km）	
波头顺序	第一个前行波 T_M	第二个反行波 T'_M	第一个前行波 T_M	第二个反行波 T'_M	第一个前行波 T_M	第二个反行波 T'_M	第一个前行波 T_M	第二个反行波 T'_M
波头到达时刻/μs	35	103	137	408	256	290	270	276
计算出的故障距离/km	9.969（距离 M 端）		39.727（距离 M 端）		4.984（距离 N 端）		0.879（距离 N 端）	
绝对测距误差/km	0.031		0.273		0.016		0.121	

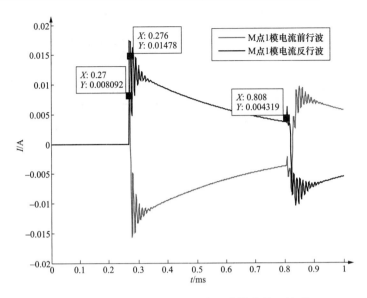

图 7-13　D 点故障时 M 端的电流暂态行波（线模分量）波形（$R_{FG} = 5\Omega$）

2．过渡电阻 $R_{FG} = 20\Omega$ 时的行波故障测距仿真

（1）双端行波故障测距仿真。图 7-14～图 7-17 分别给出了接地极线路 MN 上 A、B、C、D 点发生单线（第 2 线）对地故障时，接地极线路两端暂态电流 i_{M2} 和 i_{N2} 的波形。

根据式（7-2），可以计算出每次故障时的双端行波故障测距结果，如表 7-4 所示。

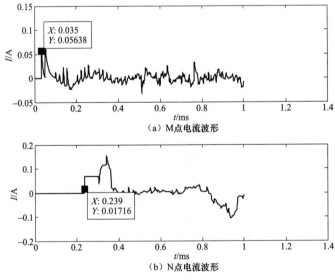

图 7-14　A 点故障产生的暂态电流波形（$R_{FG} = 20\Omega$）

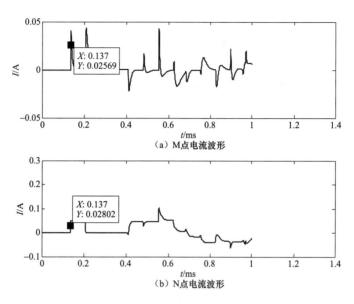

图 7-15　B 点故障产生的暂态电流波形（$R_{FG} = 20\Omega$）

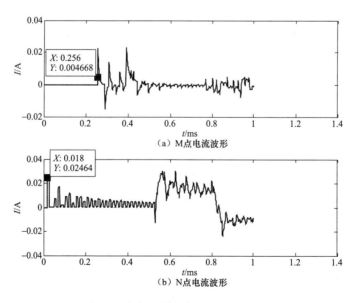

图 7-16　C 点故障产生的暂态电流波形（$R_{FG} = 20\Omega$）

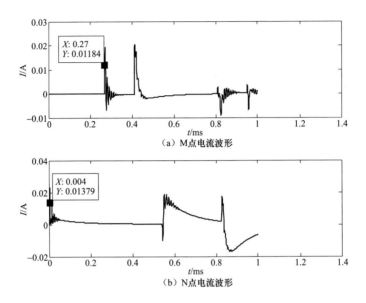

图 7-17 D 点故障产生的暂态电流波形（$R_{FG} = 20\Omega$）

表 7-4   双极运行方式下发生接地故障（$R_{FG} = 20\Omega$）时的
双端行波故障测距结果

两端波头时刻	故障点	A 点（10km）	B 点（40km）	C 点（75km）	D 点（79km）
M 端第一个波头	到达时刻 T_M/μs	35	137	256	270
	幅值/A	0.05638	0.02569	0.004668	0.01184
N 端第一个波头	到达时刻 T_N/μs	239	137	18	4
	幅值/A	0.01716	0.02802	0.02464	0.01379
计算出离 M 端的故障距离/km		10.095	40.000	74.889	78.994
绝对测距误差/km		0.095	0.000	0.111	0.006

（2）单端行波故障测距仿真。图 7-18～图 7-21 分别给出了接地极线路 MN 上 A、B、C、D 点发生单线（第 2 线）对地故障时，接地极线路 M 端的正向和反向电流暂态行波（线模分量）波形。

根据式（7-1）或式（7-2），可以计算出每次故障时的单端行波故障测距结果，如表 7-5 所示。

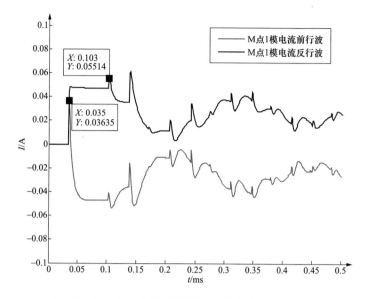

图 7-18　A 点故障时 M 端的电流暂态行波（线模分量）波形（$R_{FG} = 20\Omega$）

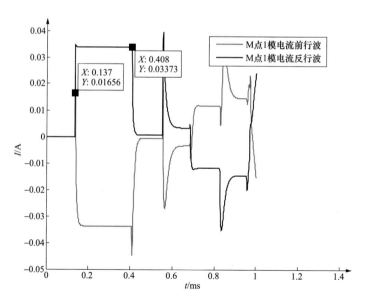

图 7-19　B 点故障时 M 端的电流暂态行波（线模分量）波形（$R_{FG} = 20\Omega$）

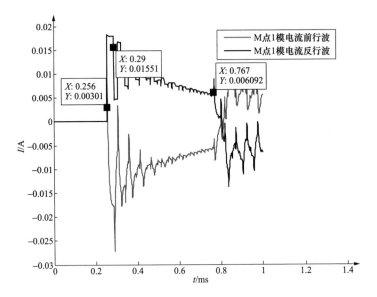

图 7-20　C 点故障时 M 端的电流暂态行波（线模分量）波形（$R_{FG}=20\Omega$）

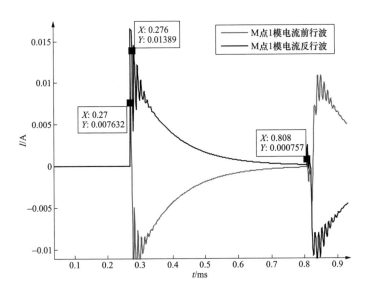

图 7-21　D 点故障时 M 端的电流暂态行波（线模分量）波形（$R_{FG}=20\Omega$）

M 点行波	A 点 (10km)		B 点 (40km)		C 点 (75km)		D 点 (79km)	
波头顺序	第一个前行波 T_M	第二个反行波 T'_M	第一个前行波 T_M	第二个反行波 T'_M	第一个前行波 T_M	第二个反行波 T'_M	第一个前行波 T_M	第二个反行波 T'_M
波头到达时刻/μs	35	103	137	408	256	290	270	276
计算出的故障距离/km	9.969 (距离 M 端)		39.727 (距离 M 端)		4.984 (距离 N 端)		0.879 (距离 N 端)	
绝对测距误差/km	0.031		0.273		0.016		0.121	

表 7-5　　双极运行方式下发生接地故障（$R_{FG}=20\Omega$）时的单端行波故障测距结果

二、断线故障

1. 单线断线

（1）双端行波故障测距仿真。图 7-22～图 7-25 分别给出了接地极线路 MN 上 A、B、C、D 点发生单线（第 2 线）断线故障时，接地极线路两端暂态电流（i_{M2} 和 i_{N2}）的波形。

根据式（7-2），可以计算出每次故障时的双端行波故障测距结果，如表 7-6 所示。

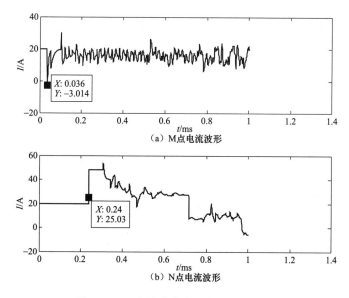

（a）M 点电流波形

（b）N 点电流波形

图 7-22　A 点故障产生的暂态电流波形

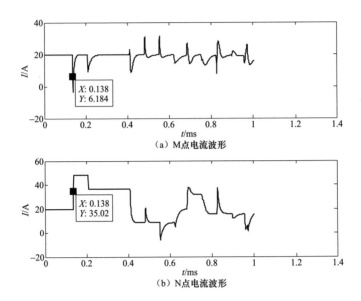

图 7-23　B 点故障产生的暂态电流波形

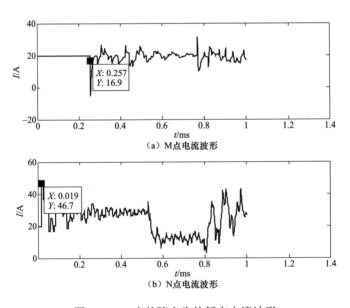

图 7-24　C 点故障产生的暂态电流波形

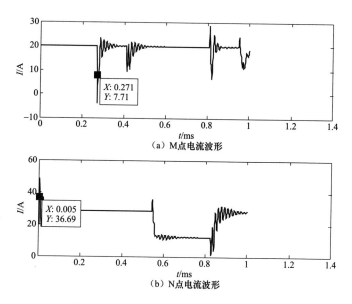

图 7-25 D 点故障产生的暂态电流波形

表 7-6　　　双极运行方式下发生单线断线时的双端行波故障测距结果

两端波头时刻	故障点	A 点 （10km）	B 点 （40km）	C 点 （75km）	D 点 （79km）
M 端 第一个波头	到达时刻 T_M/μs	36	138	257	271
	幅值/A	−3.014	6.184	16.9	7.71
N 端 第一个波头	到达时刻 T_N/μs	240	138	19	5
	幅值/A	25.03	35.02	46.7	36.69
计算出离 M 端的故障距离/km		10.095	40.000	74.889	78.994
绝对测距误差/km		0.095	0.000	0.111	0.006

（2）单端行波故障测距仿真。图 7-26～图 7-29 分别给出了接地极线路 MN 上 A、B、C、D 点发生单线（第 2 线）断线故障时，接地极线路 M 端的正向和反向电流暂态行波（线模分量）波形。

根据式（7-1）或（7-2），可以计算出每次故障时的单端行波故障测距结果，如表 7-7 所示。

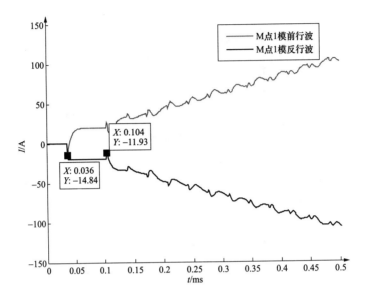

图 7-26　A 点故障时 M 端的电流暂态行波（线模分量）波形

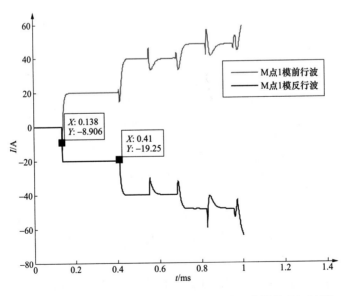

图 7-27　B 点故障时 M 端的电流暂态行波（线模分量）波形

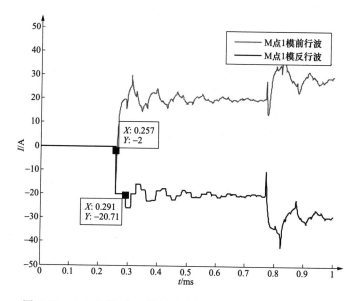

图 7-28　C 点故障时 M 端的电流暂态行波（线模分量）波形

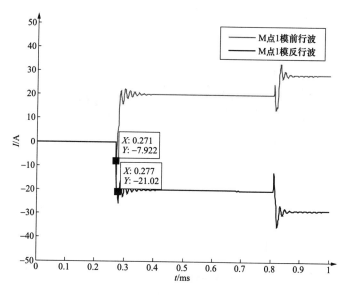

图 7-29　D 点故障时 M 端的电流暂态行波（线模分量）波形

表 7-7　　　　双极运行方式下发生单线断线时的单端行波故障测距结果

M 点行波	A 点 （10km）		B 点 （40km）		C 点 （75km）		D 点 （79km）	
波头顺序	第一个前行波 T_M	第二个反行波 T'_M	第一个前行波 T_M	第二个反行波 T'_M	第一个前行波 T_M	第二个反行波 T'_M	第一个前行波 T_M	第二个反行波 T'_M
波头到达时刻/μs	36	104	138	410	257	291	271	277
计算出的故障距离/km	9.968 （距离 M 端）		39.873 （距离 M 端）		4.984 （距离 N 端）		0.880 （距离 N 端）	
绝对测距误差/km	0.032		0.127		0.016		0.120	

2. 两线断线

（1）双端行波故障测距仿真。图 30～图 7-33 分别给出了接地极线路 MN 上 A、B、C、D 点发生两线断线故障时，接地极线路两端暂态电流（i_{M2} 和 i_{N2}）的波形。

根据式（7-2），可以计算出每次故障时的双端行波故障测距结果，如表 7-8 所示。由于两线断线故障不产生线模行波分量，而只产生地模（0 模）行波分量，故测距计算中的波速度采用 0 模行波分量的波速度。

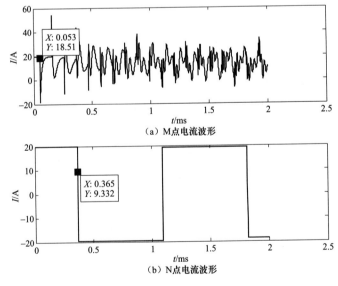

（a）M 点电流波形

（b）N 点电流波形

图 7-30　A 点故障产生的暂态电流波形

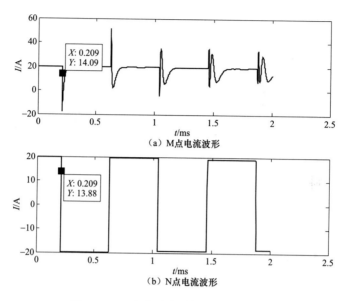

（a）M点电流波形

（b）N点电流波形

图 7-31 B 点故障产生的暂态电流波形

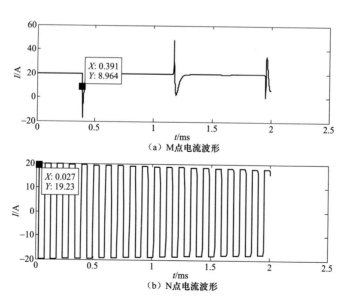

（a）M点电流波形

（b）N点电流波形

图 7-32 C 点故障产生的暂态电流波形

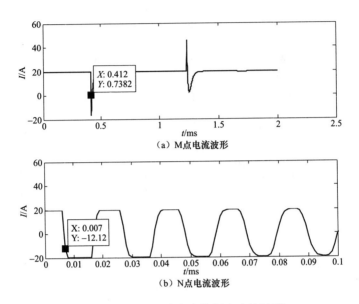

图 7-33 D 点故障产生的暂态电流波形

表 7-8　　　双极运行方式下发生两线断线时的双端行波故障测距结果

两端波头时刻	故障点	A 点 （10km）	B 点 （40km）	C 点 （75km）	D 点 （79km）
M 端 第一个波头	到达时刻 T_M/μs	53	209	391	412
	幅值/A	18.51	14.09	8.964	0.7382
N 端 第一个波头	到达时刻 T_N/μs	365	209	27	7
	幅值/A	9.332	13.88	19.23	−12.12
计算出离 M 端的故障距离/km		10.021	40.000	74.975	78.915
绝对测距误差/km		0.021	0.000	0.025	0.085

　　（2）单端行波故障测距仿真。图 7-34～图 7-37 分别给出了接地极线路 MN 上 A、B、C、D 点发生两线断线故障时，接地极线路 M 端的正向和反向电流暂态行波（地模分量）波形。

　　根据式（7-1）或式（7-2），可以计算出每次故障时的单端行波故障测距结果，如表 7-9 所示。

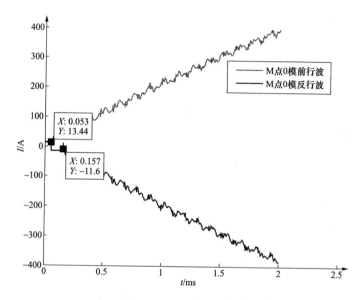

图 7-34　A 点故障时 M 端的电流暂态行波（地模分量）波形

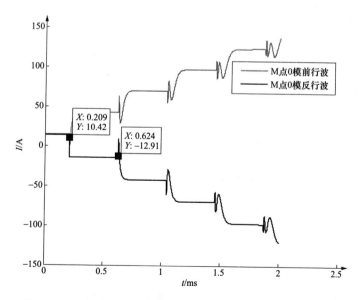

图 7-35　B 点故障时 M 端的电流暂态行波（地模分量）波形

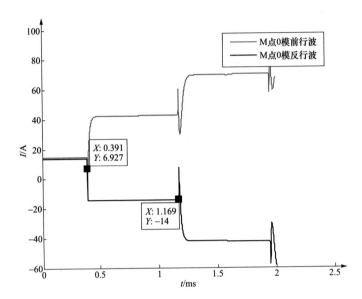

图 7-36　C 点故障时 M 端的电流暂态行波（地模分量）波形

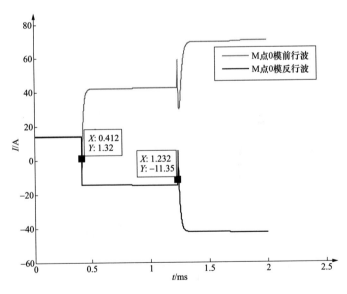

图 7-37　D 点故障时 M 端的电流暂态行波（地模分量）波形

表 7-9　　　双极运行方式下发生两线断线时的单端行波故障测距结果

M 点行波	A 点 （10km）		B 点 （40km）		C 点 （75km）		D 点 （79km）	
波头顺序	第一个前 行波 T_M	第二个反 行波 T_M'	第一个前 行波 T_M	第二个反 行波 T_M'	第一个前 行波 T_M	第二个反 行波 T_M'	第一个前 行波 T_M	第二个反 行波 T_M'
波头到达时刻/μs	53	157	209	624	391	1169	412	1232
计算出的故障 距离/km	9.992 （距离 M 端）		39.875 （距离 M 端）		74.754 （距离 M 端）		78.789 （距离 M 端）	
绝对测距误差/km	0.008		0.125		0.246		0.211	

第三节　直流输电系统单极运行方式下的接地极线路行波故障测距仿真

一、接地故障

1. 过渡电阻 $R_{FG} = 5\Omega$ 时的行波故障测距仿真

（1）双端行波故障测距仿真。图 7-38～图 7-41 分别给出了接地极线路 MN 上 A、B、C、D 点发生单线（第 2 线）对地故障时，接地极线路两端暂态电流（i_{M2} 和 i_{N2}）的波形。

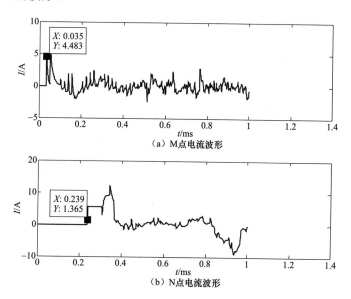

图 7-38　A 点故障产生的暂态电流波形（$R_{FG} = 5\Omega$）

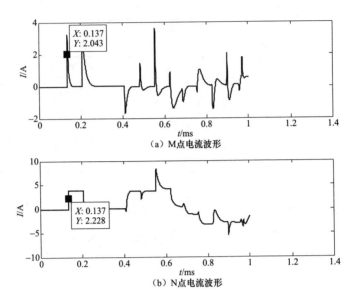

（a）M点电流波形

（b）N点电流波形

图 7-39　B 点故障产生的暂态电流波形（$R_{FG} = 5\Omega$）

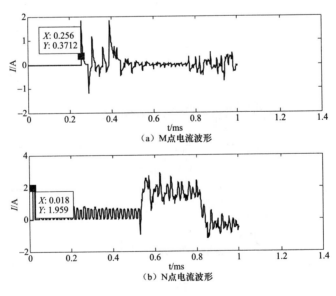

（a）M点电流波形

（b）N点电流波形

图 7-40　C 点故障产生的暂态电流波形（$R_{FG} = 5\Omega$）

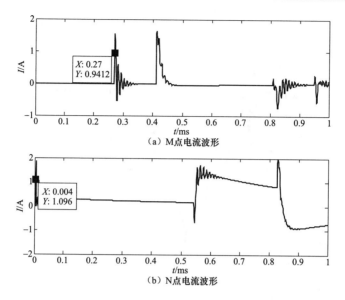

图 7-41　D 点故障产生的暂态电流波形（$R_{FG} = 5\Omega$）

根据式（7-2），可以计算出每次故障时的双端行波故障测距结果，如表 7-10 所示。

表 7-10　　　　　单极运行方式下发生接地故障（$R_{FG} = 5\Omega$）时的
双端行波故障测距结果

两端波头时刻	故障点	A 点（10km）	B 点（40km）	C 点（75km）	D 点（79km）
M 端第一个波头	到达时刻 T_M/μs	35	137	256	270
	幅值/A	4.483	2.043	0.3712	0.9412
N 端第一个波头	到达时刻 T_N/μs	239	137	18	4
	幅值/A	1.365	2.228	1.959	1.096
计算出离 M 端的故障距离/km		10.095	40.000	74.889	78.994
绝对测距误差/km		0.095	0.000	0.111	0.006

（2）单端行波故障测距仿真。图 7-42～图 7-45 分别给出了接地极线路 MN 上 A、B、C、D 点发生单线（第 2 线）对地故障时，接地极线路 M 端的正向和反向电流暂态行波（线模分量）波形。

根据式（7-1）或式（7-2），可以计算出每次故障时的单端行波故障测距结果，如表 7-11 所示。

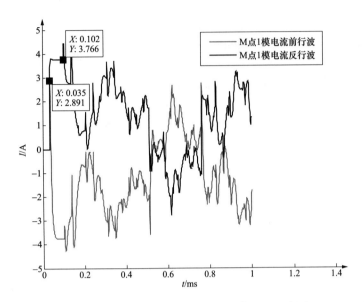

图 7-42　A 点故障时 M 端的电流暂态行波（线模分量）波形（$R_{FG} = 5\Omega$）

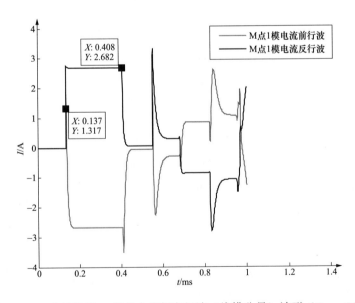

图 7-43　B 点故障时 M 端的电流暂态行波（线模分量）波形（$R_{FG} = 5\Omega$）

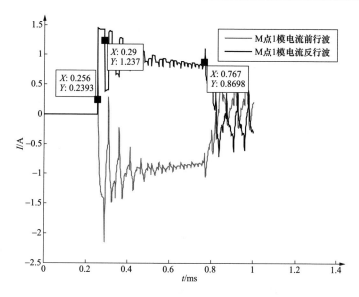

图 7-44　C 点故障时 M 端的电流暂态行波（线模分量）波形（$R_{FG} = 5\Omega$）

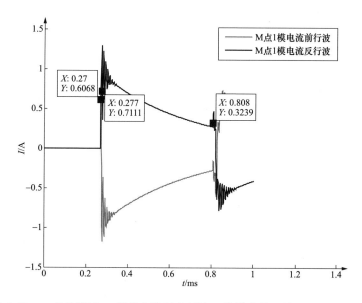

图 7-45　D 点故障时 M 端的电流暂态行波（线模分量）波形（$R_{FG} = 5\Omega$）

表 7-11　　　　单极运行方式下发生接地故障（$R_{FG}=5\Omega$）时的
单端行波故障测距结果

M 端行波	A 点（10km）		B 点（40km）		C 点（75km）		D 点（79km）	
波头顺序	第一个前行波 T_M	第二个反行波 T'_M	第一个前行波 T_M	第二个反行波 T'_M	第一个前行波 T_M	第二个反行波 T'_M	第一个前行波 T_M	第二个反行波 T'_M
波头到达时刻/μs	35	102	137	408	256	290	270	277
计算出的故障距离/km	9.822（距离 M 端）		39.727（距离 M 端）		4.984（距离 N 端）		0.879（距离 N 端）	
绝对测距误差/km	0.178		0.273		0.016		0.121	

2. 过渡电阻 $R_{FG}=20\Omega$ 时的行波故障测距仿真

（1）双端行波故障测距仿真。图 7-46～图 7-49 分别给出了接地极线路 MN 上 A、B、C、D 点发生单线（第 2 线）对地故障时，接地极线路两端暂态电流（i_{M2} 和 i_{N2}）的波形。

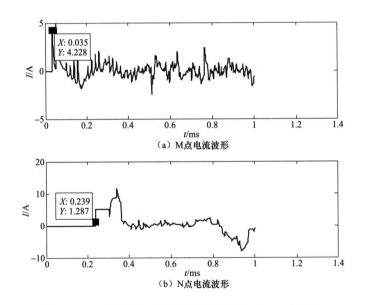

图 7-46　A 点故障产生的暂态电流波形（$R_{FG}=20\Omega$）

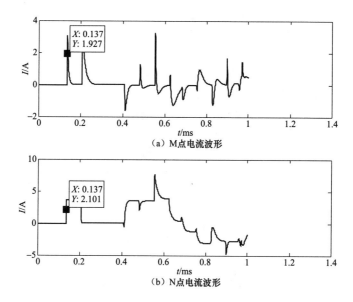

（a）M点电流波形

（b）N点电流波形

图 7-47 B 点故障产生的暂态电流波形（$R_{FG} = 20\Omega$）

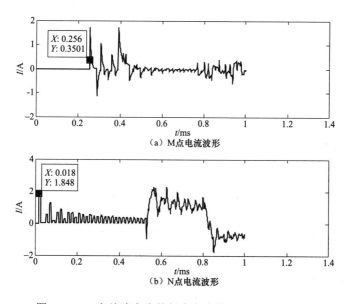

（a）M点电流波形

（b）N点电流波形

图 7-48 C 点故障产生的暂态电流波形（$R_{FG} = 20\Omega$）

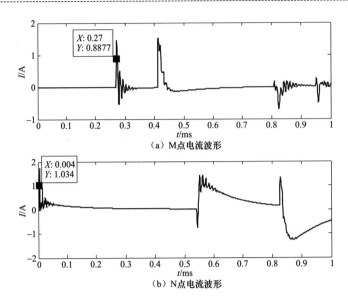

图 7-49　D 点故障产生的暂态电流波形（$R_{FG} = 20\Omega$）

　　根据式（7-2），可以计算出每次故障时的双端行波故障测距结果，如表 7-12 所示。

表 7-12　　　　　单极运行方式下发生接地故障（$R_{FG} = 20\Omega$）时的
双端行波故障测距结果

两端波头时刻	故障点	A 点（10km）	B 点（40km）	C 点（75km）	D 点（79km）
M 端第一个波头	到达时刻 $T_M/\mu s$	35	137	256	270
	幅值/A	4.228	1.927	0.3501	0.8877
N 端第一个波头	到达时刻 $T_N/\mu s$	239	137	18	4
	幅值/A	1.287	2.101	1.848	1.034
计算出离 M 端的故障距离/km		10.095	40.000	74.889	78.994
绝对测距误差/km		0.095	0.000	0.111	0.006

　　（2）单端行波故障测距仿真。图 7-50～图 7-53 分别给出了接地极线路 MN 上 A、B、C、D 点发生单线（第 2 线）对地故障时，接地极线路 M 端的正向和反向电流暂态行波（线模分量）波形。

　　根据式（7-1）或式（7-2），可以计算出每次故障时的单端行波故障测距结果，如表 7-13 所示。

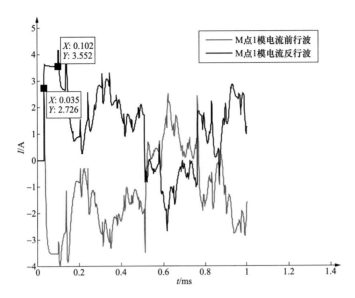

图 7-50　A 点故障时 M 端的电流暂态行波（线模分量）波形（$R_{FG} = 20\Omega$）

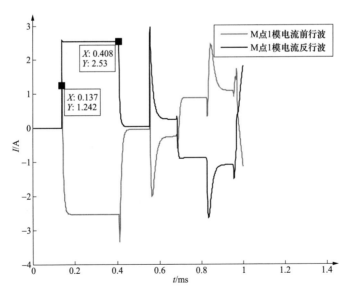

图 7-51　B 点故障时 M 端的电流暂态行波（线模分量）波形（$R_{FG} = 20\Omega$）

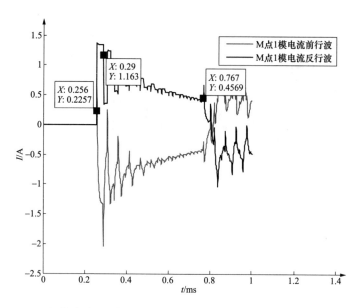

图 7-52　C 点故障时 M 端的电流暂态行波（线模分量）波形（$R_{FG} = 20\Omega$）

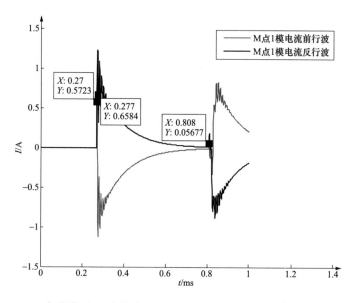

图 7-53　D 点故障时 M 端的电流暂态行波（线模分量）波形（$R_{FG} = 20\Omega$）

表 7-13　　　　单极运行方式下发生接地故障（$R_{FG}=20\Omega$）时的

单端行波故障测距结果

M 端行波	A 点 （10 km）		B 点 （40 km）		C 点 （75 km）		D 点 （79 km）	
波头顺序	第一个前行波 T_M	第二个反行波 T_M'	第一个前行波 T_M	第二个反行波 T_M'	第一个前行波 T_M	第二个反行波 T_M'	第一个前行波 T_M	第二个反行波 T_M'
波头到达时刻/μs	35	102	137	408	256	290	270	277
计算出的故障距离/km	9.822 （距离 M 端）		39.727 （距离 M 端）		4.984 （距离 N 端）		0.879 （距离 N 端）	
绝对测距误差/km	0.178		0.273		0.016		0.121	

二、断线故障

1. 单线断线

（1）双端行波故障测距仿真。图 7-54～图 7-57 分别给出了接地极线路 MN 上 A、B、C、D 点发生单线（第 2 线）断线故障时，接地极线路两端暂态电流（i_{M2} 和 i_{N2}）的波形。

根据式（7-2），可以计算出每次故障时的双端行波故障测距结果，如表 7-14 所示。

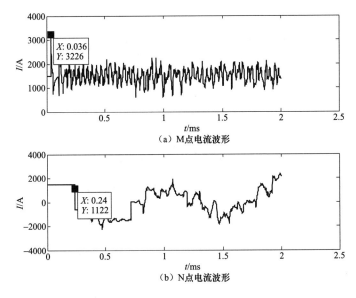

（a）M 点电流波形

（b）N 点电流波形

图 7-54　A 点故障产生的暂态电流波形

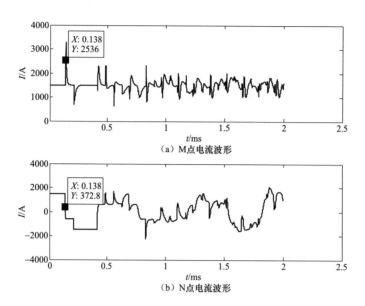

图 7-55　A 点故障产生的暂态电流波形

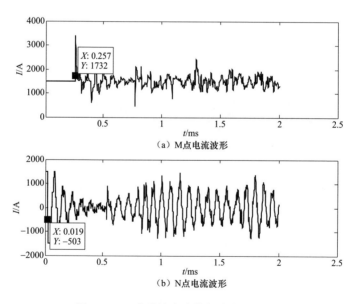

图 7-56　C 点故障产生的暂态电流波形

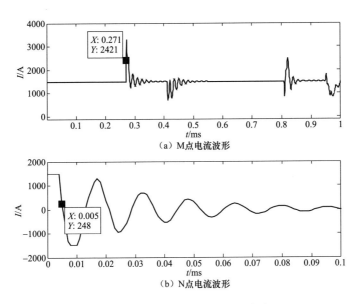

图 7-57　D 点故障产生的暂态电流波形

表 7-14　　单极运行方式下发生单线断线时的双端行波故障测距结果

两端波头时刻 / 故障点		A 点（10km）	B 点（40km）	C 点（75km）	D 点（79km）
M 端 第一个波头	到达时刻 $T_M/\mu s$	36	138	257	271
	幅值/A	3226	2536	1732	2421
N 端 第一个波头	到达时刻 $T_N/\mu s$	240	138	19	5
	幅值/A	1122	372.8	−503	248
计算出离 M 端的故障距离/km		10.095	40.000	74.889	78.994
绝对测距误差/km		0.095	0.000	0.111	0.006

（2）单端行波故障测距仿真。图 7-58～图 7-61 分别给出了接地极线路 MN 上 A、B、C、D 点发生单线（第 2 线）断线故障时，接地极线路 M 端的正向和反向电流暂态行波（线模分量）波形。

根据式（7-1）或式（7-2），可以计算出每次故障时的单端行波故障测距结果，如表 7-15 所示。

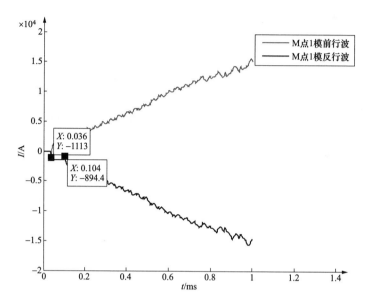

图 7-58 A 点故障时 M 端的电流暂态行波（线模分量）波形

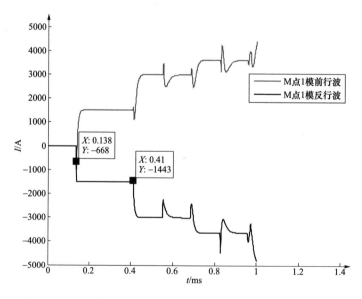

图 7-59 B 点故障时 M 端的电流暂态行波（线模分量）波形

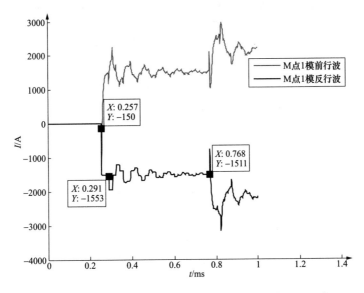

图 7-60　C 点故障时 M 端的电流暂态行波（线模分量）波形

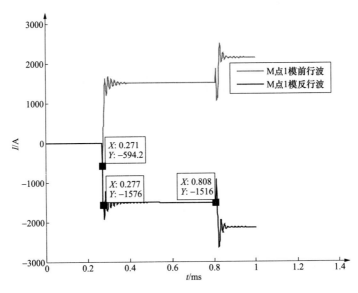

图 7-61　D 点故障时 M 端的电流暂态行波（线模分量）波形

表 7-15　　单极运行方式下发生单线断线时的单端行波故障测距结果

M 点行波	A 点（10km）		B 点（40km）		C 点（75km）		D 点（79km）	
波头顺序	第一个前行波 T_M	第二个反行波 T_M'	第一个前行波 T_M	第二个反行波 T_M'	第一个前行波 T_M	第二个反行波 T_M'	第一个前行波 T_M	第二个反行波 T_M'
波头到达时刻/μs	36	104	138	410	257	291	271	277
计算出的故障距离/km	9.968（距离 M 端）		39.873（距离 M 端）		4.984（距离 N 端）		0.880（距离 N 端）	
绝对测距误差/km	0.032		0.127		0.016		0.120	

2. 两线断线

（1）双端行波故障测距仿真。图 7-62～图 7-65 分别给出了接地极线路 MN 上 A、B、C、D 点发生两线断线故障时，接地极线路两端暂态电流（i_{M2} 和 i_{N2}）的波形。

根据式（7-2），可以计算出每次故障时的双端行波故障测距结果，如表 7-16 所示。由于两线断线故障不产生线模行波分量，而只产生地模（0 模）行波分量，故测距计算中的波速度采用 0 模行波分量的波速度。

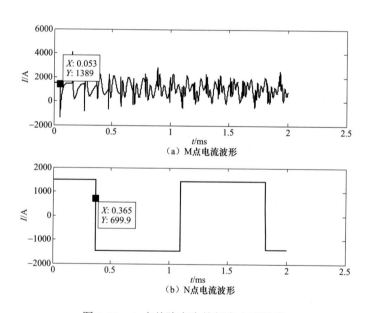

图 7-62　A 点故障产生的暂态电流波形

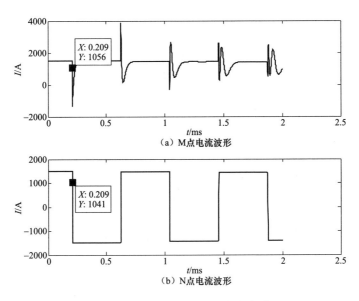

图 7-63　B 点故障产生的暂态电流波形

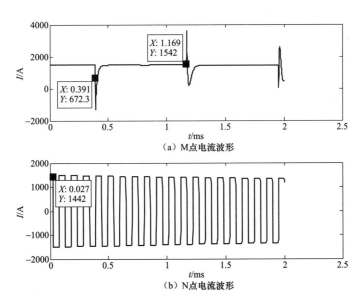

图 7-64　C 点故障产生的暂态电流波形

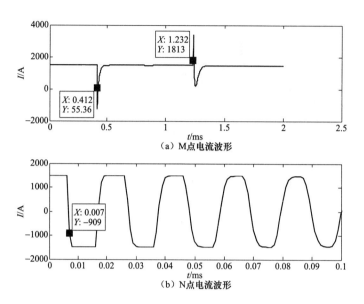

图 7-65　D 点故障产生的暂态电流波形

表 7-16　　　单极运行方式下发生两线断线时的双端行波故障测距结果

两端波头时刻　　　故障点		A 点 （10km）	B 点 （40km）	C 点 （75km）	D 点 （79km）
M 端 第一个波头	到达时刻 T_M/μs	53	209	391	412
	幅值/A	1389	1056	672.3	56.36
N 端 第一个波头	到达时刻 T_N/μs	365	209	27	7
	幅值/A	699.9	1041	1442	−909
计算出离 M 端的故障距离/km		9.992	39.875	74.754	78.789
绝对测距误差/km		0.008	0.125	0.246	0.211

　　（2）单端行波故障测距仿真。图 7-66～图 7-69 分别给出了接地极线路 MN 上 A、B、C、D 点发生两线断线故障时，接地极线路 M 端的正向和反向电流暂态行波（地模分量）波形。

　　根据式（7-1）或式（7-2），可以计算出每次故障时的单端行波故障测距结果，如表 7-17 所示。

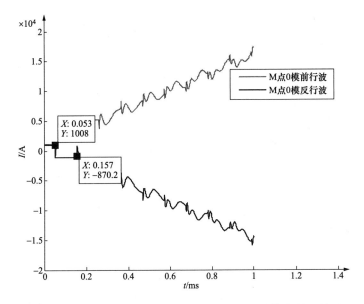

图 7-66 A 点故障时 M 端的电流暂态行波（地模分量）波形

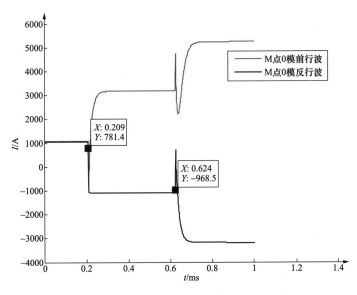

图 7-67 B 点故障时 M 端的电流暂态行波（地模分量）波形

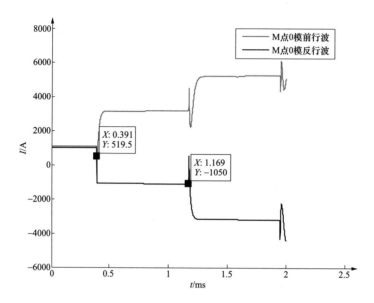

图 7-68 C 点故障时 M 端的电流暂态行波（地模分量）波形

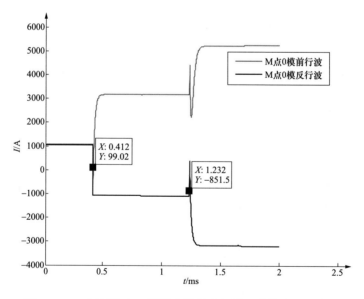

图 7-69 D 点故障时 M 端的电流暂态行波（地模分量）波形

表 7-17　　　单极运行方式下发生两线断线时的单端行波故障测距结果

M 点行波	A 点 （10km）		B 点 （40km）		C 点 （75km）		D 点 （79km）	
波头顺序	第一个前 行波 T_M	第二个反 行波 T'_M	第一个前 行波 T_M	第二个反 行波 T'_M	第一个前 行波 T_M	第二个反 行波 T'_M	第一个前 行波 T_M	第二个反 行波 T'_M
波头到达时刻/μs	53	157	209	624	391	1169	412	1232
计算出的故障 距离/km	9.992 （距离 M 端）		39.875 （距离 M 端）		74.754 （距离 M 端）		78.789 （距离 M 端）	
绝对测距误差/km	0.008		0.125		0.246		0.211	

第四节　接地极线路雷击暂态行波测距仿真

一、双端行波故障测距仿真

图 7-70～图 7-73 分别给出了接地极线路 MN 上 A、B、C、D 点发生单线（第 2 线）雷击时，接地极线路两端暂态电流（i_{M2} 和 i_{N2}）的波形。

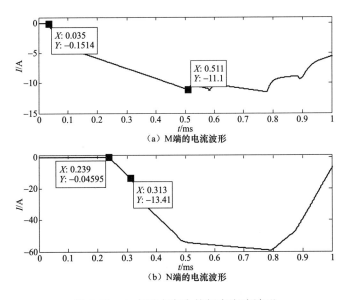

图 7-70　A 点雷击产生的暂态电流波形

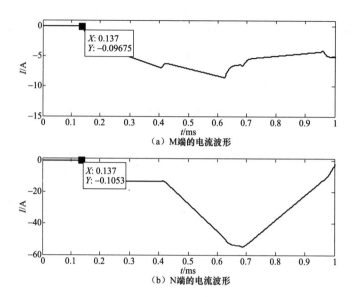

（a）M端的电流波形

（b）N端的电流波形

图 7-71　B 点雷击产生的暂态电流波形

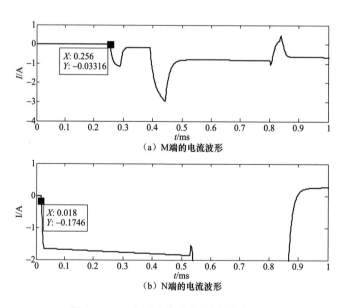

（a）M端的电流波形

（b）N端的电流波形

图 7-72　C 点雷击产生的暂态电流波形

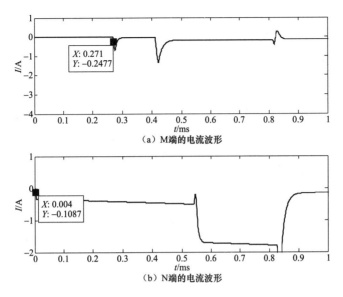

（a）M端的电流波形

（b）N端的电流波形

图 7-73　D 点雷击产生的暂态电流波形

根据式（7-2），可以计算出每次雷击时的双端行波测距结果，如表 7-18 所示。

表 7-18　　　　　　接地极线路发生雷击时的双端行波测距结果

两端波头时刻	故障点	A 点（10km）	B 点（40km）	C 点（75km）	D 点（79km）
M 端第一个波头	到达时刻 T_M/μs	36	137	256	270
	幅值/A	−0.1514	−0.9675	−0.03316	−0.2477
N 端第一个波头	到达时刻 T_N/μs	239	137	18	4
	幅值/A	−0.4595	−0.1053	−0.1746	−0.1087
计算出离 M 端的故障距离/km		10.241	40.000	74.889	78.994
绝对测距误差/km		0.241	0.000	0.111	0.006

二、单端行波故障测距仿真

图 7-74～图 7-77 分别给出了接地极线路 MN 上 A、B、C、D 点发生单线（第 2 线）雷击时，接地极线路 M 端的电流暂态行波（线模分量）波形。

根据式（7-1）或式（7-2），可以计算出每次雷击时的单端行波测距结果，如表 7-19 所示。

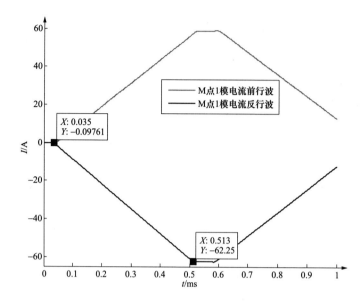

图 7-74　A 点发生雷击时 M 端的电流暂态行波（线模分量）波形

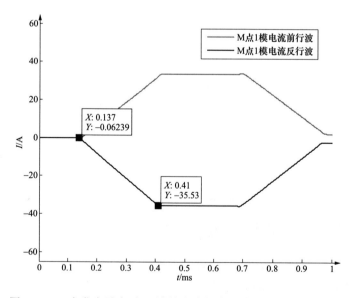

图 7-75　B 点发生雷击时 M 端的电流暂态行波（线模分量）波形

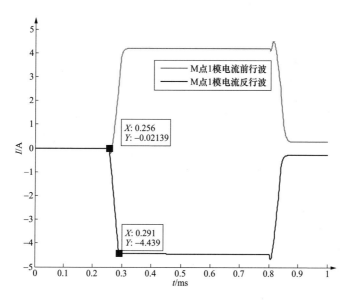

图 7-76　C 点发生雷击时 M 端的电流暂态行波（线模分量）波形

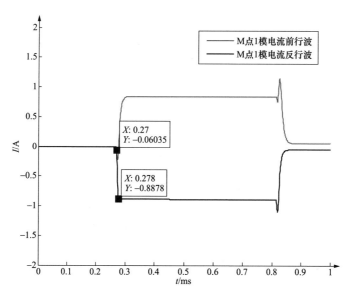

图 7-77　D 点发生雷击时 M 端的电流暂态行波（线模分量）波形

表 7-19 接地极线路发生雷击时的单端行波测距结果

M 点行波	A 点 (10km)		B 点 (40km)		C 点 (75km)		D 点 (79km)	
波头顺序	第一个前行波 T_M	第二个反行波 T'_M	第一个前行波 T_M	第二个反行波 T'_M	第一个前行波 T_M	第二个反行波 T'_M	第一个前行波 T_M	第二个反行波 T'_M
波头到达时刻/μs	35	513	137	410	256	297	270	278
计算出的故障距离/km	70.072 (距离 N 端)		40.020 (距离 N 端)		5.131 (距离 N 端)		1.173 (距离 N 端)	
绝对测距误差/km	0.072		0.020		0.131		0.173	

本 章 小 结

本章主要仿真分析了直流系统在单双极运行方式下接地极线路发生各种故障时故障行波的传播特征，并仿真了接地极线路遭受雷击故障单、双端行波测距的适应性。

第八章　直流接地极线路行波测距算法研究及实现

第一节　直流接地极线路单端行波故障测距基本原理

如图 8-1（a）所示，M、N 分别表示直流输电接地极线路的两端，F 表示故障点位置，测量点在 M 处，规定行波从 M 端母线到 F 点的传播方向为正方向。

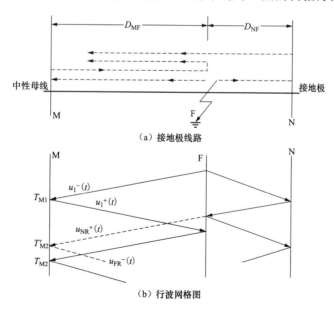

（a）接地极线路

（b）行波网格图

图 8-1　直流接地极线路单端行波测距原理图

如图 8-1（b）所示，当故障发生后，从 F 点产生的故障暂态行波分别向直流线路两端传播，在测量点首先到达测量端的是反向行波，可记作 $u_1^-(t)$，并开始计时，记为 T_{M1}，$u_1^-(t)$ 在到达测量端母线后反射形成第一个正向行波 $u_1^+(t)$，

$u_1^+(t)$ 向故障点方向传播并在到达故障点后再次向测量端反射回来形成反向行波 $u_{FR}^-(t)$，时间记为 T_{M2}，如此分析故障距离可表示为

$$\begin{cases} \Delta t = T_{M2} - T_{M1} \\ D_{MF} = \dfrac{1}{2}v\Delta t \end{cases} \tag{8-1}$$

式中，v 为波速度。

当故障发生后，故障点产生的暂态行波在向测量点传播的同时也向线路的另一端 N 端传播，其在到达 N 端后发生反射形成反向行波并透过故障点到达测量端，记作 $u_{NR}^-(t)$，时间记作 T'_{M2}，如此分析故障距离也可表示为

$$\begin{cases} \Delta' t = T'_{M2} - T_{M1} \\ D_{NF} = \dfrac{1}{2}v\Delta t' \end{cases} \tag{8-2}$$

第一个反向行波浪涌 $u_1^-(t)$ 是比较容易识别的，但是第二个反向行波浪涌可能是 $u_{FR}^-(t)$，也可能是 $u_{NR}^-(t)$。由此可以得出单端行波测距法的关键问题：故障时刻的准确提取和第二个反向行波的性质识别。

第二节　基于数学形态学的测距算法

一、数学形态学理论

数学形态学始于 1964 年，是一门建立在严格数学理论基础上的学科，目前已经构成一种新型的图像处理方法和理论，其中在计算机数字图像处理方面，形态学图像处理已成为一个重要研究领域。利用形态学研究图像的几何结构，首先利用一个结构元素来探测图像，判断能否很好地将此结构元素填放在图像的内部，同时需要验证结构元素的填放方法的有效性。图 8-2 所示为二值图像 A 和圆形结构元素 B。结构元素 B 位于两个不同位置，其中一个位置可以很好地将结构元素放入，而另一位置则不能将结构元素放入。对图像内能够将结构元素合适放入的位置进行标记，就能够得到图像的

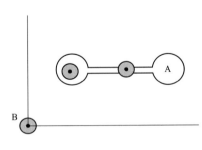

图 8-2　形态学基本运算

一些结构信息，得到的信息跟结构元素的尺寸及形状有关。因而，选择不同的结构元素决定所获得的信息性质，也就是说，结构元素与从图像中获得何种信

息是相互关联的，构造不同的结构元素，对图像的分析结果就不同。

在电力系统中实际采样所得的信号一般为一维信号，也称灰度图像。灰度图像的表示一般是一个定义在连续或者数字空间上的实值函数，它的像素点的灰度值大于 2。Serra 将二值数学形态学理论推广应用到灰度图像，利用的是函数本影的概念来建立灰度图像的集合表示。与二值运算的原理相同，我们定义灰值运算可直接利用填充的概念。

利用结构元素 g 对信号 f 的腐蚀定义为

$$(f \Theta g)(x) = \max\{y : g_x + y \ll f\} \tag{8-3}$$

图 8-3 所示为方程（8-3）的几何含义，采用的是一个扁平结构元素，扁平结构元素在它的定义域中取常数，而且滤波效果明显，在许多应用中都起着非常重要的作用。

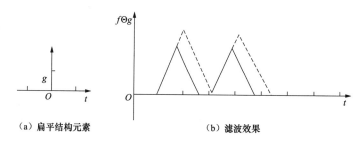

（a）扁平结构元素　　　　　　　　　（b）滤波效果

图 8-3　利用扁平结构元素腐蚀

灰值腐蚀除了采用逐点定义的形式外，还可利用明克夫斯基差的全局定义形式：

$$f \Theta g = \Lambda\{f_x + g^\wedge(x) : x \in D[g^\wedge]\} \tag{8-4}$$

式中，$g^\wedge$ 是 g 相对于原点的反射，为了使式（8-4）便于使用，我们用 $g^\wedge$ 来定义，其等价形式为

$$f \Theta g = \Lambda\{f_{-x} + g(x) : x \in D[g]\} \tag{8-5}$$

灰值膨胀是灰值腐蚀的对偶运算，与灰度腐蚀不一样，在这里我们首先将结构元素进行反射，同时将信号限制在结构元素的定义域内，向上移动结构元素，当结构元素超过信号时，取结构元素此时的最小值，这个最小值便是灰值膨胀的结果。

f 被 g 膨胀定义为

$$(f \oplus g)(x) = \min\{y : (g^\wedge)_x + y \gg f\} \tag{8-6}$$

式中，f 为信号，g 为结构元素，$g^\wedge$ 为 g 相对于原点的反射。

图 8-4 所示为利用扁平结构元素以"填充"的形式进行膨胀和其对偶-腐蚀

的示例。

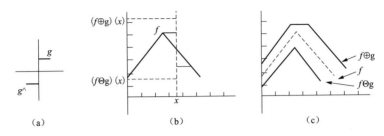

图 8-4　灰值腐蚀和膨胀

我们还可利用全局明克夫斯基和的形式来定义膨胀：

$$f \oplus g = \vee\{f_x + g(x) : x \in D[g]\} \tag{8-7}$$

灰值腐蚀和灰值膨胀经有序组合能够构成不同的运算方法，其中基本的有开运算和闭运算，开运算和闭运算属于数学形态学的基本二级运算。

开运算是对信号先做腐蚀再做膨胀的迭代运算，定义的公式为

$$(f \circ g)(n) = ((f \ominus g) \oplus g)(n) \tag{8-8}$$

式中，。表示开运算。

图 8-5（a）所示为原信号。图 8-5（b）所示为采用扁平结构元素对信号进行开运算后的信号，可见，信号上方的极大值点被抹掉。图 8-5（c）所示为被滤掉的极大值点。对于一维信号而言，选择合适的结构元素，利用开运算的这个特性就可以滤掉或取得信号上方的上峰奇异点，也就是极大值点。

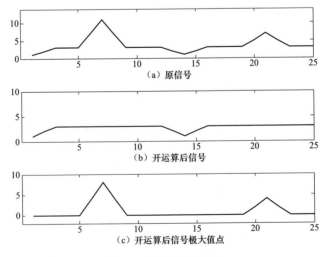

图 8-5　开运算示意图

闭运算与开运算形成对偶运算，是对信号先进行膨胀再腐蚀的迭代运算，

定义的公式为

$$(f \cdot g)(n) = ((f \oplus g)\Theta g)(n) \qquad (8\text{-}9)$$

式中，·表示闭运算。

图 8-6（a）所示为原信号。图 8-6（b）是采用扁平结构元素对信号进行闭运算后的信号，可见，信号下方的极小值点被填平。图 8-6（c）所示为被滤掉的极小值点。同样，对于一维信号，我们也可以选择合适结构元素，利用闭运算来滤掉或取得信号的波谷奇异点，即极小值点。

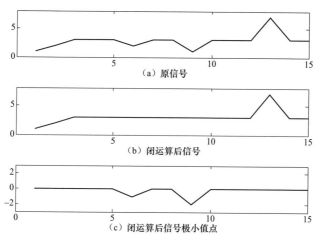

图 8-6　闭运算示意图

结合腐蚀、膨胀及开闭运算的特性，通过选择不同的结构元素，将腐蚀、膨胀和开闭运算合理组合形成新的运算方法，就可以起到滤波、消噪、边缘检测等的作用。

二、形态学滤波和形态学梯度变换

1. 形态学滤波

我们了解到灰度腐蚀与灰度膨胀可构造成灰度开闭运算，开运算能去掉信号的极大值点，也就是去掉信号中的孤立点和毛刺，锐化了角，使得目标的轮廓光滑。通过开运算可以对信号中的峰值（正脉冲）噪声进行抑制。闭运算能去掉信号的极小值点，将信号的低谷填平，弥合了信号的裂缝和孔洞。通过闭运算可以将信号中的底谷（负脉冲）噪声滤掉。开闭运算都具有低通特性，通过不同的组合可构成不同的形态学滤波，滤波效果与变换形式和选取的结构元素有关，结构元素的尺寸和形状要根据信号的特点来确定。

Maragos 将开闭运算进行级联组合，定义了形态开-闭（Open-Closing）滤波器和闭-开（Close-Opening）滤波器，具体定义如下。

开-闭滤波器：

$$[(f)\mathrm{oc}(g)](n) = (f \circ g \bullet g)(n) \tag{8-10}$$

闭-开滤波器：

$$[(f)\mathrm{co}(g)](n) = (f \bullet g \circ g)(n) \tag{8-11}$$

形态学滤波算法的计算只有加减法和取极值，且对暂态行波信号波形的处理仅在时域中进行。只要选择合适的结构元素就能够有效地滤除干扰，提高测距可靠性。

2. 形态学梯度变换

腐蚀和膨胀均具有低通特性，这两个基本算子组合可以构成形态学梯度变换，定义公式为

$$G_{\mathrm{RAD}}(f) = (f \oplus g)(x)(n) - (f \ominus g)(x) \tag{8-12}$$

在数字图像处理中，利用形态梯度来完成图像的边缘检测。因利用扁平结构元素进行膨胀和腐蚀可以实现极小、极大滤波器的功能，所以在扁平结构元素（它是一个实数集）所确定的邻域上，每一点的形态学梯度就是该点极大值和极小值之差。由此可见，形态学梯度的运算结果由结构元素的原点位置及其大小决定。

三、基于数学形态学的测距算法

直流接地极线路发生故障时，故障点产生的行波浪涌将在故障点、母线及线路中的波阻抗不连续点处发生反射、透射。在反射和透射过程中，行波波形的叠加会导致行波波形的突变。在数学形态学中，形态学梯度变换对电力信号中产生的突变点异常敏感，因此利用形态学梯度变换可提取暂态信号的突变点。

基于形态学滤波和形态学梯度变换，相关文献提出了一种新的形态学梯度变换算法，该变换具有双结构元素，定义如下：

$$\rho_{g^+}(x) = ((\rho \circ g_1 \bullet g_1) \oplus g_2{}^+)(x) - ((\rho \circ g_1 \bullet g1)\ominus g_2{}^+)(x) \tag{8-13}$$

$$\rho_{g^-}(x) = ((\rho \circ g_1 \bullet g_1) \oplus g_2{}^-)(x) - ((\rho \circ g_1 \bullet g_1)\ominus g_2{}^-)(x) \tag{8-14}$$

$$\rho_g(x) = \rho_{g^+}(x) + \rho_{g^-}(x) \tag{8-15}$$

式中，自变量 x 在实际运用中指的是被处理信号的定义域；g_1 是用于滤波的结构元素；g_2 是用于形态学梯度的结构元素。

用 g_1 滤除掉信号波形中的干扰后，再利用 g_2 提取暂态行波信号的突变点，结构元素 g^+ 和 g^- 分别用来对波形的"上"、"下"边沿进行提取。从几何角度具体描述一下 g_2 的作用：形态学梯度由腐蚀、膨胀组合而成，g_2 是形态学梯度环节的结构元素，在其定义域上取常数。首先进行膨胀，在信号的上方滑动结构元素，每滑动一次，在结构元素所在的定义域内记录结构元素上的最高点（极大值）；同理进行腐蚀，在信号的下方滑动结构元素，每滑动一次，在结构元素所在的定义域内记录结构元素上的最低点（极小值）。形态学梯度由定义域上每一点的极大值和极小值之差决定，形态学梯度就是利用这个原理提取出暂态行波的突变点。可以选择不同的结构元素 g_1、g_2，亦可选择相同宽度的结构元素，具体视所处理波形的结构和高频噪声信号的宽度而定。

将形态学滤波和形态学梯度相结合得该算法，通过该算法不但能提取信号突变点的起始时刻或信号的"上""下"边沿，而且能分辨行波的波头极性。根据初始故障行波和第二个反向行波的极性及其关系来判断发生故障的区段，同时根据该算法获得的突变点时刻由式（8-1）或式（8-2）计算得故障距离，实现故障定位。

第三节　基于多分辨相关函数的测距算法

一、相关函数理论

相关函数作为一种度量工具，能够度量两个信号之间的相似性，信号可以是确定性或是随机性的。如果两个连续信号 $u(t)$ 和 $y(t)$ 是确定性的，且它们在 $(-\infty, +\infty)$ 上是平方可积的，则两者的互相关函数表示为

$$R_{uy}(\tau) = \lim_{t \to \infty} \frac{1}{2T} \int_{-T}^{T} u(t)y(t+\tau)\mathrm{d}\tau、 \qquad (8-16)$$

互相关函数可以描述信号 $u(t)$ 和 $y(t)$ 在任意两个不同时刻取值之间的相关程度。如果 $u(t)$ 和 $y(t)$ 是由同一个信号源产生的两个信号，则称 $R_{uy}(\tau)$ 为信号 $u(t)$ 的自相关函数。信号的自相关函数描述的是该信号在两个不同时刻的取值之间的相似关系。通过计算相关函数可以比较和分辨它们的相似程度，相关函数的值不仅与信号本身的特点有关，而且与两个信号之间的相对移动值（即式（8-16）中的 τ）有关。

通过对直流接地极线路故障暂态行波传播特性的分析，我们得出故障初始行波浪涌与其在故障点的反射波存在反极性相似的关系，而第二个反向行

波可能是故障点反射波，也可能是对端母线的反射波。我们以故障初始行波浪涌作为参考信号，利用相关函数表示出第二个反向行波与参考信号之间的相似关系，从而确定第二个反向行波的性质，利用单端行波测距原理进行故障测距。

利用故障初始行波浪涌与故障点反射波之间的反极性相似关系，定义互相关函数为

$$R_{xy}(\tau) = -\frac{1}{N}\int_0^N x(t)y(t+\tau)\mathrm{d}\tau \qquad (8\text{-}17)$$

式中，为了使故障点反射波到来时相关函数取得极大值，常常在式前加一个"－"号，以改变相关函数的极性；τ 为时移；N 为时间窗长度。

以故障初始行波浪涌作为参考信号，故障初始行波首次到达测量点的时刻开始进行相关运算，则相关函数的第一个极值点是故障初始行波浪涌到达测量点的时刻，相关函数的第二个极值点的时刻即为第二个反向行波浪涌的到达时刻，利用这两个时刻的时间间隔及相关函数极值点的极性，就可根据式（8-1）或式（8-2）实现直流接地极线路的单端行波故障测距。

由第七章相关内容可知，如果 $D_{\mathrm{MF}} \leqslant L/2$，则故障点反射波先到达测量点，利用式（8-17）可以计算出相关函数值，此时相关函数取得极大值；如果 $D_{\mathrm{MF}} \geqslant L/2$，则对端反射波先到达测量点，此时相关函数取得极小值。

二、基于多分辨相关函数的测距算法

基于相关函数的测距算法是单端行波故障测距中的经典法之一，前面我们了解了它的基本理论与测距原理。理论上，对于正反向行波，先消除其平均值的影响，然后进行相关分析，只要时间窗的宽度取值合适，在第一个故障点反射波到达时刻，相关函数将达到极大值或最大值，表示故障初始行波浪涌和此时的行波信号最为相似，可以以此进行有效的故障测距。然而，由于故障距离未知，时窗宽度不能确定，时窗宽度太大时，相关函数极值点易偏移，测量精度会降低；时窗宽度太小时，相关函数极值点受噪声和波形畸变影响很大，会引起误判。同时，实际故障线路上存在的不同干扰因素都有可能造成行波测距的失败。

为准确识别第二个反向行波浪涌的性质及判定其到达测量端的时刻，本文提出一种基于多分辨相关函数理论的直流接地极线路单端行波故障测距算法，利用该算法处理故障波形，定义如下：

$$R_{xy}^{a}(\tau) = -\frac{1}{2^{1-aN}}\int_{0}^{2^{1-aN}} x(t)y(t+\tau)\mathrm{d}\tau \qquad (8\text{-}18)$$

式中，a 为相关函数的分析层数；N 为第一层时窗宽度。

该算法采用二进递减的方式确定时窗宽度。第一层宽时窗作为参考窗口，随着时窗宽度的逐渐递减，相关函数极值点对应的时间趋于稳定，则故障距离结果趋于收敛，测距结果趋于收敛时的分析层数便是二进递减时窗的最终分层。可见，该方法并不需要预先确定二进递减时窗的最终分层数。

不同地点发生接地故障时，测距结果的收敛情况不同，因此多分辨相关函数的分析层数不同。

传统的相关函数算法利用式（8-17）进行相关分析，其时窗宽度单一，而且难以确定，测距的可靠性差。基于多分辨相关函数的测距算法采用多分辨时窗处理故障行波，能准确提取故障点的时刻，同时通过相关函数极值点能准确识别第二个反向行波的极性。该算法充分利用宽窄时窗各自的优点，具有良好的自适应性，可进一步提高测距的可靠性和准确性。

第四节　仿 真 验 证 分 析

在单极大地回线运行模式下，以直流接地极线路单线接地故障为例，对上述两种测距算法进行仿真验证。

参数设置：直流输电线路 L=300km，接地极线路 D_1 和 D_2 长度都为 100km，故障点 F 设置在 D_1 上，故障点距离测量端 M 的距离依次设为 2.5km、20km、50km、75km、99km，故障发生时刻 0.8s，持续 0.05s，故障点过渡电阻设置了 1Ω 和 50Ω 两种情况，行波传播速度 v 为 295km/ms。

一、基于数学形态学的测距算法仿真验证

基于数学形态学的测距算法的关键问题是利用形态学梯度变换提取故障行波中的突变点，根据提取到的突变点判断行波波头的极性，同时根据波头时刻利用单端行波测距公式实现故障测距。

下面是过渡电阻分别为 1Ω 和 50Ω 时利用基于数学形态学的测距算法进行测距的情况。

1. 过渡电阻为 1Ω

图 8-7 所示为直流接地极线路发生单线接地故障，故障距离为 20km，故障点过渡电阻为 1Ω 时的波形图。图 8-7（a）、（b）所示是故障线路与非故障线路

电压、电流。图 8-7（c）所示是经模变换后的线模电压、电流计算得出的正、反向电压行波。由图 8-7（c）得出行波波头宽度小于 50μs，形态学滤波和形态学梯度变换的结构元素宽度选取为 16μs。图 8-7（d）所示是经形态学梯度变换得到的正、反向电压行波梯度。

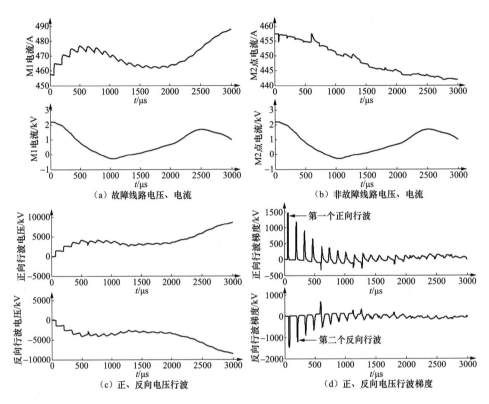

图 8-7　直流接地极线路单线接地故障波形图（过渡电阻为 1Ω）

从图 8-7（d）中可以看出，正、反向行波梯度中极值点非常明显，第二个反向行波的极性与第一个正向行波的极性相反，由此可判断第二个反向行波是故障点反射波。在图 8-7（d）中，第一个正向行波的波头时刻为 67μs，第二个反向行波的波头时刻为 208μs，由两个波头起始时刻根据式（8-1）计算得故障距离为 20.79km。

下面给出直流接地极线路发生单线接地故障，故障点过渡电阻为 1Ω 时，利用基于数学形态学的测距算法获得的不同故障距离的测距结果，结构元素的宽度均取初始行波浪涌宽度的 1/3。

表 8-1　　　　　　　　　　过渡电阻为 1Ω 时的单端行波故障测距结果

M 端行波	2.5km		50 km		75 km		99 km	
波头顺序	第一个正向行波 T_M	第二个反向行波 T'_M	第一个正向行波 T_M	第二个反向行波 T'_M	第一个正向行波 T_M	第二个反向行波 T'_M	第一个正向行波 T_M	第二个反向行波 T'_M
波头到达时刻/μs	9	27	167	502	251	417	331	442
计算出的故障距离/km	2.65（距离 M 端）		49.41（距离 M 端）		24.48（距离 N 端）		1.63（距离 N 端）	
绝对测距误差/km	0.15		0.59		0.52		0.63	

2. 过渡电阻为 50Ω

图 8-8 所示为直流接地极线路发生单线接地故障，故障距离为 20km，故障点过渡电阻分别为 50Ω 时的波形图。图 8-8（a）、（b）所示是故障线路与非故障线路电压、电流。图 8-8（c）所示是经模变换后的线模电压、电流计算得出的正、反向电压行波。由图 8-8（c）得出行波波头宽度小于 50μs，形态学滤波和形态学梯度变换的结构元素宽度选取为 16μs。图 8-8（d）所示是经形态学梯度变换得到的正、反向电压行波梯度。

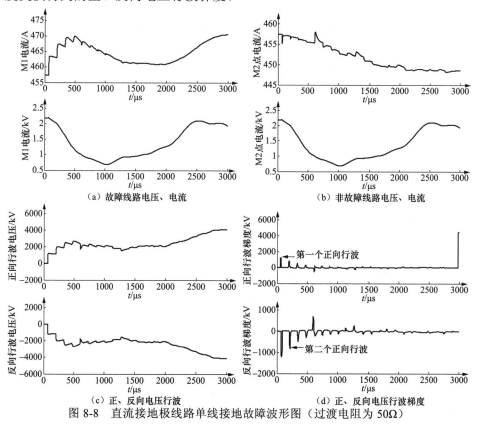

（a）故障线路电压、电流　　　　　　　　（b）非故障线路电压、电流

（c）正、反向电压行波　　　　　　　　（d）正、反向电压行波梯度

图 8-8　直流接地极线路单线接地故障波形图（过渡电阻为 50Ω）

从图 8-8（d）中可以看出，正、反向行波梯度中极值点非常明显，第二个反向行波的极性与第一个正向行波的极性相反，由此可判断第二个反向行波是故障点反射波。在图 8-8（d）中，第一个正向行波的波头时刻为 67μs，第二个反向行波的波头时刻为 209μs，计算得故障距离为 20.94km。

下面给出直流接地极线路发生单线接地故障，故障点过渡电阻为 50Ω 时，利用基于数学形态学的测距算法获得的不同故障距离的测距结果，结构元素的宽度均取初始行波浪涌宽度的 1/3。

表 8-2　　　　　　　　　过渡电阻为 50Ω 时的单端行波故障测距结果

M 端行波	2.5km		50 km		75 km		99 km	
波头顺序	第一个正向行波 T_M	第二个反向行波 T'_M	第一个正向行波 T_M	第二个反向行波 T'_M	第一个正向行波 T_M	第二个反向行波 T'_M	第一个正向行波 T_M	第二个反向行波 T'_M
波头到达时刻/μs	10	29	168	502	252	417	330	443
计算出的故障距离/km	2.8（距离 M 端）		49.26（距离 M 端）		24.33（距离 N 端）		1.66（距离 N 端）	
绝对测距误差/km	0.3		0.74		0.67		0.66	

仿真表明采用数学形态学梯度技术不仅能够提取正、反向电压行波浪涌波头的起始时刻，而且能分辨出行波浪涌的波头极性，识别第二个反向电压行波的性质，实现直流接地极线路的单端行波测距，且测距可靠性强，测距精度较高。

经过多次仿真发现，当故障点距离接地极小于 1km 时，由于故障点电压较低，故障点产生的行波信号不明显，导致测距失败，因此，直流接地极线路行波故障测距的死区范围为距离接地极小于 1km 的范围。

二、基于多分辨相关函数的测距算法仿真验证

基于多分辨相关函数的测距算法利用多分辨时窗处理故障行波，能准确提取故障点的时刻，同时通过相关函数极值点能准确识别第二个反向行波的极性，根据相关函数的极值点的时刻来实现故障测距。

下面是过渡电阻分别为 1Ω 和 50Ω 时利用基于多分辨相关函数的测距算法进行测距的情况。

1. 过渡电阻为 1Ω

直流接地极线路发生单线接地故障，故障点过渡电阻为 1Ω，故障距离为 20km 时，以正向行波为参考信号，经三层相关分析的相关函数如图 8-9 所示，

其中相关函数的第一层时窗宽度选取为 16μs。

由图 8-9 得，过渡电阻为 1Ω、故障距离为 20km 时的相关函数经三层相关分析后，第一个极大值和第二个极大值之间的时间间隔依次为 134μs、134μs、135μs，根据单端行波测距公式计算得故障距离依次为 19.76km、19.76km、19.91km。

当过渡电阻为 1Ω 时，利用基于多分辨相关函数的测距算法获得的不同故障距离的测距结果如表 8-3 所示，其中相关函数的时窗宽度均取初始行波浪涌宽度的 1/3。

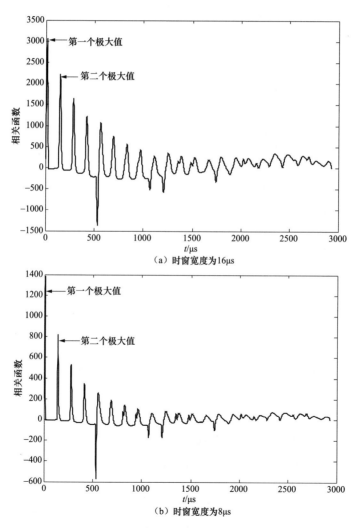

图 8-9　故障距离为 20km 时的相关函数（一）

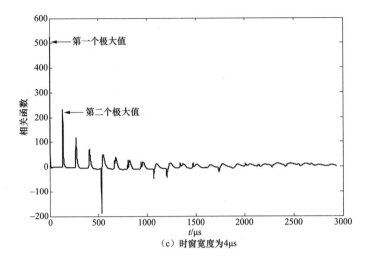

（c）时窗宽度为4μs

图 8-9 故障距离为 20km 时的相关函数（二）

表 8-3   过渡电阻为 1Ω 的单端行波故障测距结果

M 端行波	2.5km		50km		75km		99km	
极值顺序	第一个极大值 T_M	第二个极大值 T'_M	第一个极大值 T_M	第二个极大值 T'_M	第一个极大值 T_M	第二个极大值 T'_M	第一个极大值 T_M	第二个极大值 T'_M
极值点时刻/μs	1	18	3	343	9	179	13	681
计算出的故障距离/km	2.507（距离 M 端）		50.15（距离 M 端）		25.075（距离 N 端）		98.53（距离 M 端）	
绝对测距误差/km	0.07		0.15		0.075		0.47	

2. 过渡电阻为 50Ω

直流接地极线路发生单线接地故障，故障点过渡电阻为 50Ω，故障距离为 20km 时，以正向行波为参考信号，经三层分析的相关函数图像如图 8-10 所示，其中相关函数的第一层时窗宽度选取为 16μs。

由图 8-10 得，过渡电阻为 50Ω、故障距离为 20km 时的相关函数经 3 层相关分析后，第一个极大值和第二个极大值之间的时间间隔依次为 134μs、134μs、135μs，根据单端行波测距公式计算得故障距离依次为 19.76km、19.76km、19.91km。

当过渡电阻为 50Ω 时，利用基于多分辨相关函数的测距算法获得的不同故障距离的测距结果如表 8-4 所示，其中相关函数的时窗宽度均取初始行波浪涌宽度的 1/3。

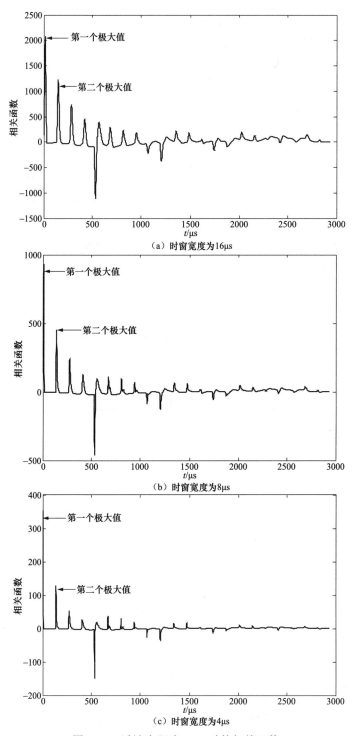

图 8-10　过渡电阻为 50Ω 时的相关函数

表 8-4 过渡电阻为 50Ω 的单端行波故障测距结果

M 端行波	2.5km		50km		75km		99km	
极值顺序	第一个极大值 T_M	第二个极大值 T'_M	第一个极大值 T_M	第二个极大值 T'_M	第一个极大值 T_M	第二个极大值 T'_M	第一个极大值 T_M	第二个极大值 T'_M
极值点时刻/μs	2	18	4	346	10	180	15	682
计算出的故障距离/km	2.36 (距离 M 端)		50.44 (距离 M 端)		25.075 (距离 N 端)		98.38 (距离 M 端)	
绝对测距误差/km	0.14		0.44		0.075		0.62	

仿真表明，当时窗宽度占到行波浪涌宽度的一定比例以上时，能够获得较为理想的行波测距结果，而且基本不受过渡电阻的影响。多次仿真验证，当时窗宽度选为初始行波浪涌宽度的 1/3～1/2 时，测距效果达到最佳。

基于多分辨相关函数的测距算法根据初始行波浪涌的波头宽度来确定时窗宽度，采用二进递减的方式处理故障行波，具有良好的自适应性。仿真结果证明，基于多分辨相关函数的测距算法实现了接地极线路单端行波故障测距可靠性和准确性的统一，对实际的接地极线路的单端行波故障测距具有很高的实用价值。

第五节　单端行波故障测距装置

一、硬件构成及工作原理

直流输电系统接地极线路单端行波故障测距装置的硬件构成如图 8-11 所示。它包括中央处理单元（CPU）、模拟信号输入电路、高速数据采集单元（DAU）、通信接口、开关量输出（DO）电路、开关量输入（DI）电路、人机接口电路和开关电源等基本组成部分。

1. 中央处理单元

中央处理单元（CPU）是行波故障测距装置的核心单元，其主要功能是读取、处理来自高速数据采集单元的暂态行波数据，缓存行波记录并根据单端行波测距原理计算接地极线路的故障距离。CPU 还协调整个装置的工作，完成整定配置参数管理、运行状态指示、装置触发与故障报警等功能。

2. 模拟信号输入电路

模拟信号输入电路完成接地极线路末端（换流站侧）输入信号的转换、滤波、放大等功能，将来自专用行波耦合器的暂态行波信号调理成满足 A/D 转换输入要求的小信号。

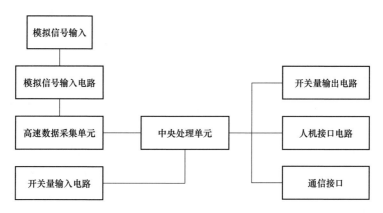

图 8-11　直流输电系统接地极线路单端行波故障测距装置的硬件构成

3. 高速数据采集单元

为使行波测距分辨率达到 300m，暂态行波信号采样频率不应低于 1MHz，而采用常规的由微处理器（MCU）直接控制的 A/D 转换与数据采集技术难以满足要求。本装置采用独立于 MCU 的硬件数据采集电路，实现了暂态行波信号高速记录，并可达到 4MHz 采样频率。

4. 通信接口

通信接口包括两个 RS-232/485 接口（COM1 和 COM2）和一个以太网接口。以太网接口用于以网络通信的形式上传行波记录。一个 RS-232/485 接口支持以点对点串行通信的形式上传行波记录，另一个 RS-232/485 接口用于装置整定配置与维护通信。

5. 开关量输出电路

开关量输出电路包括两对光电隔离的空接点输出，分别用于装置启动与自检异常报警。接点输出可根据现场应用要求送至换流站监控系统或故障录波系统。

6. 开关量输入电路

开关量输入电路包括一对光电隔离的空接点输入，用于装置接外部的开关量信号输入，可以是接地极线路保护装置的动作信号或断路器的动作信号等开关量信号输入。

7. 人机接口电路

人机接口电路产生装置运行状态指示信号，包括启动（触发）指示、装置异常指示、通信指示等。

8．开关电源

开关电源接入 110V 或 220V 交/直流输入，产生装置内部电路使用直流电源。

在正常运行情况下，直流输电系统接地极线路单端行波故障测距装置负责超高速采集接地极线路末端（换流站侧）的行波电流信号（采样频率为 1～4MHz，可调）。

当被监视的接地极线路发生故障时，行波测距装置中的高速数据采集单元检测到行波脉冲到达时刻，记录故障行波数据，然后将故障数据传送给中央处理单元。中央处理单元利用特定的单端行波测距算法对故障数据进行滤波、抗干扰处理，提取行波特征，进而计算出故障点到测量点的准确距离。

二、装置关键技术

1．行波信号的获取

在换流站，获取接地极线路行波信号的简便方法是将专门研制的小型电流互感器分别安装在过电压吸收电容低压侧或者接地极线路侧，如图 8-12 所示。

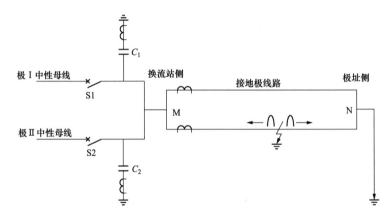

图 8-12　利用小型电流互感器传变接地极线路高频暂态电流信号示意图

2．波速度的选取

接地极线路参数随频率变化，行波信号中不同频率成分的运动速度不一样。然而，当信号频率在 1kHz 以上时，在线路上传播速度基本趋于一稳定值。行波测距所利用的信号频率远在 1kHz 以上，完全可以使用高频段信号波速度值测距，而不影响精度。视线路结构不同，线路高频分量波速度值为 291～297km/ms，可以根据线路结构参数计算出，也可以通过实测获得。

3．超高速数据采集

采用现代微电子技术可以实现暂态行波波形的超高速记录，应用高级的数字信号分析处理方法，检测行波脉冲到达时刻精确，抗干扰能力强，可靠性高。

　　为了保证行波测距误差不超过 500m，行波信号采集频率一般应不低于 500kHz，使用常规的由中央处理单元（CPU）直接控制模数转换器（A/D）的方式很难实现，而必须设计专门的硬件电路实现行波信号的超高速采集。

　　国内第一、二代输电线路行波故障测距装置采用独立于 CPU 的硬件高速采集技术。当线路发生故障时，高速数据采集单元在记录下预定时间内的故障暂态行波信号后，停止数据采集，然后由 CPU 以相对较慢的速度将记录的数据送入专门的数据存储器进一步保存、处理。可见，国内第一、二代行波故障测距装置存在数据采集与记录的死区。

　　本节设计了一种具有很高灵活性（采样频率、采样时间长度、采样通道数、触发方式等都可以在线设置）和连续性（多次数据记录之间无死区）的超高速行波采集系统（采样频率为 1～4MHz，可调），其原理框图如图 8-13 所示。

　　在正常运行时，A/D 转换后的数据循环存储到双口 SRAM 的左端口中，如果有信号触发，通过中断通知 CPU，CPU 通过三态门将存储 SRAM 的数据总线和双口 SRAM 右端口的数据总线连接起来，并由 FPGA 或者 CPLD 控制将双口 SRAM 的数据通过右端口传送到存储 SRAM 中，传送的速度与模数转换器的工作速度一样，整个传送过程完全由 FPGA 控制完成。传送结束后，FPGA 通知 CPU，CPU 恢复对总线的控制，可以进行数据的处理或者向外传送数据。

　　该行波采集系统具有以下特点。

　　（1）故障数据无死区记录。在整个采集过程中，A/C 转换后的数据一直循环存储到双口 RAM 的左端口中，即使有触发信号向 CPU 申请中断，也不影响 A/C 转换后的数据存储过程。只要保证 CPU 响应中断并通知 FPGA 开通双口 SRAM 和存储 SRAM 传送的整个时间小于双口 SRAM 循环一次的时间，就可以做到无死区记录，保证数据不丢失。

　　（2）系统可配置性好。CPU 接收用户的配置命令，并将这些命令发送给 FPGA，在 FPGA 中对采样频率、检测通道数、软触发选择等进行配置，以此来调整系统的工作参数。

　　（3）利用 FPGA 控制 RAM 间数据的传输。通过对以前的采集系统的分析，可以看出整个采集系统的瓶颈实际上是缓存 SRAM 和存储 SRAM 间的传输问题。由于缓存的容量有限，如果两个 SRAM 间的传输速度达不到很高的速度，就难以满足超高速采集的无死区要求。单片机本身所带的 DMA 通道及 DMA 专用控制器都难以达到 10MB/s，因此本方案由 FPGA 直接控制两个 RAM 间的传输，由于 FPGA 的速度可以达到上百兆赫兹，因此可以很好地解决这个问题。

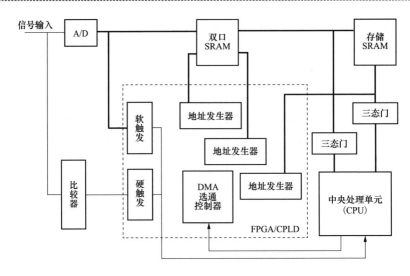

图 8-13　超高速行波采集系统的原理框图

三、装置软件方案

1. 总体框架

为了提高开发效率和软件运行的可靠性，在接地极线路单端行波故障测距装置软件中植入了嵌入式多任务操作系统。在多任务操作系统环境下，为了实现不同的应用功能，将行波测距装置 CPU 的应用程序划分为若干独立的任务，其软件总体框架如图 8-14 所示。

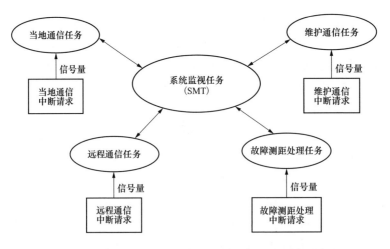

图 8-14　接地极线路单端行波故障测距装置软件总体框架

接地极线路单端行波故障测距装置软件包含五个基本任务，每一种任务都需要由特定的中断请求来激活。系统监视任务（SMT）是优先级最高的任务，负责监视其他任务的运行情况；维护通信任务负责通过维护口与 PC 通信；故障测距处理任务负责根据被监视接地极线路的暂态触发数据计算线路故障点位置并形成相应报告；远程通信任务负责通过远程通信接口与调度后台系统通信。

2. 单端行波故障测距处理软件流程

当被监视的接地极线路发生故障时，行波测距装置中的高速数据采集电路在完成本次暂态行波数据的采集后，向 CPU 发出故障测距处理中断请求。当 CPU 响应该中断请求时，在相应的中断服务程序中通过信号量激活单端行波故障测距处理任务。

接地极线路单端行波故障测距处理软件流程如图 8-15 所示。

本 章 小 结

本章将行波故障测距技术用于高压直流输电系统接地极线路的在线故障测距，并对直流输电系统在双极和单极运行条件下，接地极线路不同位置发生故障时产生的暂态行波现象进行了大量的仿真，表明在各种情况下的双端和单端行波故障测距误差均小于 500m。

在此基础上，制定了直流输电系统接地极线路行波故障测距系统方案，并对故障行波信号的获取、波速度的选取、超高速数据采集、精确时间同步、行波浪涌到达时刻的准确标定、远程通信及极址处行波采集装置电源等关键技术问题进行了深入研究，从而最终研制出接地极线路行波故障测距系统样机。

本章的技术关键点及重点如下。

（1）利用 PSCAD 电磁仿真软件建立典型直流输电系统的电磁暂态仿真模型。通过高压直流输电各种模式下的接地极线路故障对所建 HVDC 模型进行仿真运行，进而研究故障时接地极线路产生的电压及电流暂态行波在故障点、极母线和极址处的传播特性。

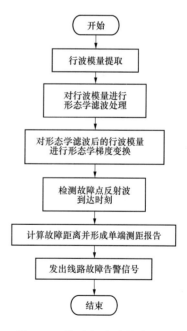

图 8-15 接地极线路单端行波
故障测距处理软件流程

（2）研究适用于直流输电系统接地极线路的单端行波故障测距原理和算法。

结合形态学滤波与形态学变换的优点，提出基于数学形态学-相关函数理论的单端行波故障测距算法，借助 MATLAB 软件编程实现算法，以接地极线路各种故障为例进行计算机仿真验证。

（3）研究接地极线路单端行波故障测距技术方案，并针对接地极线路故障行波信号的获取、超高速行波数据采集、行波浪涌到达时刻的准确标定及故障点反射波的识别等关键技术问题，提出实用化的解决方案。

（4）采用先进的嵌入式系统技术和信号处理技术，结合直流输电系统接地极线路单端行波故障测距的技术方案，利用嵌入式系统技术的实时性等特点，开发直流输电系统接地极线路单端行波故障测距装置软件，实现直流输电系统接地极线路单端行波故障的准确测距。

第九章　注入脉冲信号的接地极线路行波测距方法与实现

第一节　脉冲注入信号的行波测距方案

一、直流接地极线路注入脉冲信号的传播过程

在直流输电系统中性母线处注入一个脉冲信号，该脉冲信号将沿接地极线路向接地极方向传播，如图 9-1 所示，其中 O 点表示接地极线路的中点位置。

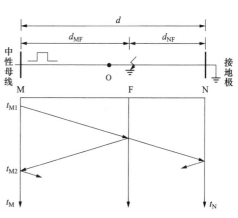

图 9-1　注入脉冲信号在直流接地极线路上的传播示意图

当接地极线路中存在故障时，故障点形成波阻抗不连续点，注入脉冲在该点将会产生发射和透射，其中反射波向中性母线 M 端传播，并在到达 M 端时再次发生反射；透射波向接地极 N 端传播，到达 N 端时也会发生反射。

假定中性母线指向接地极线路的方向为正方向，则注入的脉冲信号为正向行波信号，它在故障点的反射波为反向行波信号。

如果接地极线路不存在故障，则注入脉冲将在到达接地极 N 端时发生反射。

二、基于脉冲注入信号的行波测距方案

1. 脉冲信号注入法测距原理

在直流输电系统双极运行方式下，通过周期性地从接地极线路始端注入脉

冲信号探测线路是否发生故障，在判断线路发生故障后，通过改变注入脉冲信号的宽度和脉冲极性探测故障点位置，最后以取平均值的方式得到故障测距结果。

（1）故障检测。在直流输电系统中性母线 M 端安装脉冲信号发生装置。在接地极线路正常运行（无故障）状态下，脉冲信号发生装置在设定的时刻周期性地向接地极线路注入脉冲宽度为 t_1 的单极性脉冲信号，如图 9-2 所示。该脉冲信号为正向行波信号，经过接地极 N 端反射回来的信号为反向行波信号。

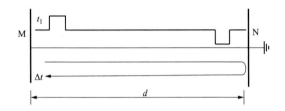

图 9-2　接地极线路无故障时注入单极性脉冲信号的传播示意图

设注入脉冲信号的发射时刻为 t_{M1}，反射波到达测量点 M 的时刻为 t_{M2}，两者之间的时间间隔为 Δt，即 $\Delta t = t_{M2} - t_{M1}$。注入脉冲信号从发射端到反射点之间的距离可以表示为

$$l = \frac{1}{2}v\Delta t \tag{9-1}$$

式中，v 为暂态行波在接地极线路中的传播速度。

在接地极线路正常运行情况下，测量端总是经过相同的时间间隔接收到脉冲反射信号，根据式（9-1）获得的距离对应于接地极线路的全长。

当测量端接收到脉冲反射信号的时间间隔不同于正常情况时，表明反射波不是来自于接地极线路末端的接地极，而是来自于线路上的其他某个位置（即故障点），如图 9-3 所示。

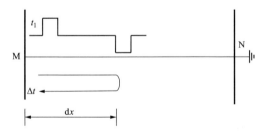

图 9-3　接地极线路故障时注入单极性脉冲信号的传播示意图（正常脉冲宽度）

可见，通过检测测量端接收到脉冲反射信号滞后于发射信号的时间间隔是

否发生变化，即可检测接地极线路是否发生故障。

（2）故障定位。当检测到接地极线路发生故障时，根据式（9-1）获得的距离对应于测量端到故障点之间的距离，可以认为是初步的故障测距结果。进一步，通过改变脉冲信号宽度（依次为 $\frac{1}{2}t_1$ 和 $\frac{1}{4}t_1$）以及脉冲信号极性（双极性）来探测故障距离，如图9-4所示。

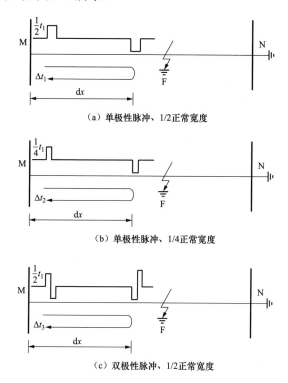

（a）单极性脉冲、1/2正常宽度

（b）单极性脉冲、1/4正常宽度

（c）双极性脉冲、1/2正常宽度

图9-4　改变脉冲宽度和极性时的故障测距示意图

（3）给定最终测距结果。采用上述故障探测方法，可以得到4次故障定位结果。当然，也可以根据实际情况，选择更多的脉冲宽度来探测故障点位置。理论上，每次探测获得的结果应该是相同的。

在实际应用中，考虑到干扰等因素的影响，某次探测结果可能是不正确的。为此，可从所有结果中选取最为接近（偏差在设定的范围内）的几组数据取平均值作为最终测距结果，这就提高了故障测距可靠性。

2. 发射脉冲信号的选择

利用脉冲信号注入法对直流接地极线路进行故障测距时，为了提高测距可靠性，必须对发射脉冲信号做出合适选择，主要包括脉冲类型和脉冲宽度的选择。

（1）脉冲类型。脉冲信号是指在短时间内存在一定幅值的突变后迅速回到其初始状态的波形信号。矩形脉冲因为其信号上升迅速，且可以迅速回到其初始状态，在进行故障测距时，波形不易失真，容易判断反射波波动点，因而在故障位置的判定时容易获得更准确的故障距离。本节选择以单极性和双极性矩形脉冲为例进行测距仿真分析，为直流接地极线路基于脉冲注入信号的故障测距奠定基础。

（2）脉冲宽度。在选择脉冲时，如果仅从减小测量盲区的角度考虑，发射脉冲宽度越小则越有利于减小测量盲区，但宽度越窄的脉冲信号中含有高频分量越多，信号在直流接地极线路中的传播损耗就越大，可测量的线路长度也就越短，而且信号识别可靠性也随之降低。综合考虑减小测量盲区和提高测距可靠性，本节选择脉冲信号的初始宽度为 2^n 微秒（n 为正整数），并且可以二进递减，以达到最佳测距效果。

三、脉冲注入法和单端故障行波法相结合的故障测距方案

在直流输电系统单极运行方式下，首先通过在换流站直流中性母线处监测接地极线路故障暂态行波识别线路是否发生故障，在线路故障暂态过程结束后从中性母线向线路注入脉冲信号，根据脉冲注入法得到初步测距结果，并以此确定故障区段（故障点位于中性母线与线路中点之间，还是位于线路中点与接地极之间）。然后，根据确定的故障区段，进一步根据单端故障行波法再次获得测距结果。最后，对两次测距结果取平均值，作为最终测距结果。

1. 利用脉冲注入法确定线路故障区段

正常情况下，在直流输电系统中性母线端实时监测直流接地极线路暂态行波并识别线路是否发生故障。也可以直接利用接地极线路的保护动作信号来确认线路故障。

若检测到线路已经发生故障，则待故障暂态过程结束后，从中性母线端向线路注入脉冲信号，并检测其在线路故障点的反射波，进而利用脉冲信号注入时刻和故障点反射波到达时刻之间的时间差即可初步计算出故障点位置。

如图 9-1 所示，设脉冲信号发射时刻为 t_{M1}，故障点反射波到达测量端的时刻为 t_{M2}，两者之间的时间差为 $\Delta t = t_{M2} - t_{M1}$，则初步故障测距结果可以表示为

$$l_1 = \frac{1}{2} v \Delta t \qquad (9\text{-}2)$$

式中，v 为暂态行波在接地极线路中的传播速度。

根据式（9-2）给出的初步测距结果可以确定故障区段：

1）当 $l_1 \leqslant d/2$ 时（d 为线路全长），判定故障点位于线路中点以内（MO 段）；

2）当 $l_1 > d/2$ 时，判定故障点位于线路中点以外（NO 段）。

2. 利用单端故障行波法计算故障距离

（1）故障点位于线路中点以内。当故障点位于线路中点以内时，测量点感受到的第 2 个反向行波浪涌为故障点反射波，因而故障点到中性母线的距离可以表示为

$$l_2 = \frac{1}{2}v(t_{M2} - t_{M1}) \tag{9-3}$$

（2）故障点位于线路中点以外。当故障点位于线路中点以外时，测量点感受到的第 2 个反向行波浪涌为接地极反射波，因而故障点到中性母线的距离可以表示为

$$l_2 = d - \frac{1}{2}v(t_{M2} - t_{M1}) \tag{9-4}$$

3. 给定最终测距结果

采用脉冲注入法和单端故障行波法相结合的故障测距方案，可以得到两次故障定位结果。理论上，这两次测距结果应该是相同的。在实际应用中，考虑到参数选择和测量误差的影响，这两次测距结果往往不相同，但非常接近。为此，可对两者取平均值作为最终测距结果，这就提高了故障测距可靠性。

最终测距结果可以表示为

$$\bar{l} = \frac{1}{2}(l_1 + l_2) \tag{9-5}$$

4. 测距方案评价

单端故障行波法具有测距准确性高的优点，但这种方法不容易可靠识别故障暂态行波波形中第 2 个反向行波浪涌的性质。

对于脉冲注入法而言，注入脉冲信号在故障点的反射波总是先于接地极反射波达到测量点，因而不存在识别第 2 个反向行波浪涌的问题。但是，单独使用脉冲注入法测距存在的问题是容易受到故障暂态过程的影响。

本节通过在直流输电系统中性母线端实时监测直流接地极线路暂态行波并识别线路是否发生故障（或者直接利用接地极线路的保护动作信号来确认线路故障）。一旦检测到线路已经发生故障，则待故障暂态过程结束后（躲过一定延时），通过脉冲注入法确定线路故障区段，根据故障区段信息即能可靠识别故障暂态行波波形中第 2 个反向行波浪涌的性质，从而实现了脉冲注入法和单端故障行波法的有机结合，并能够同时保证故障测距的可靠性和准确性。

第二节 仿真验证分析

一、仿真建模

高压直流输电系统接地极线路运行时，电流从换流变压器流出，通过电容 C 和电感 H 组成的谐波滤波器，进入接地极线路，并分别流入两平行架空线路 X_1、X_2，在接地极线路末端经接地电阻 R 流入大地。理论上，接地极线路不存在直流电流。实际上，系统正常运行时，由于两侧变压器的阻抗和换流器控制角的不平衡，在回路电流将有不平衡电流流过，但数值较小，通常小于额定电流的 1%。

为更好地模拟现实直流接地极线路运行特性，本节利用电磁暂态仿真软件 PSCAD 建立如图 9-5 所示的双极平衡运行模式的高压直流接地极线路模型，设置参数与现实直流接地极线路相同的线路参数。图中 AC_1、AC_2 为交流电源，电压等级为 500kV，T_1、T_2 为变压器，HB_1、HB_2 为换流桥，C 和 H 构成谐波滤波器，DC 为与接地电容并联安装的脉冲电源，电源值为 48V，R 为接地极接地电阻，电阻值为 2Ω，直流输电线路 D 的长度设置为 400km，两平行架空线接地极线路 X_1、X_2 的长度都为 100km，仿真频率为 1MHz。根据相关参数，通过仿真、计算求得行波在接地极线路中的传播速度为 $v = 295\text{km/ms}$，脉冲信号在接地极线路中的传播速度为 $v = 298\text{km/ms}$。

直流接地极线路母线端经一个电容接地，在该线路上并联安装脉冲电源，不断向直流接地极发射脉冲信号，根据脉冲信号由发射装置到故障点的往返时间来探测接直流地极线路故障距离。

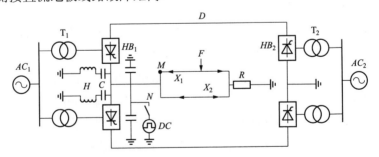

图 9-5 高压直流接地极线路仿真模型

二、基于注入脉冲信号的故障测距仿真

1. 单极性脉冲传播特性仿真

（1）无故障状态。当线路正常运行处于无故障状态时，在 $t_{M1} = 0.65\text{s}$ 时注

入幅值为 48V 的单极性脉冲信号。如图 9-5 所示，测量线路始端 M 点的脉冲信号波形，脉冲时窗宽度 $t_1 = 8\mu s$ 的波形如图 9-6 所示。

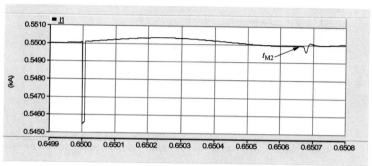

（a）无故障时M点电流波形图

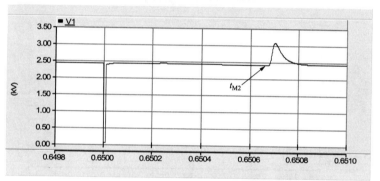

（b）无故障时M点电压波形图

图 9-6　无故障时 M 点脉冲信号波形图（脉宽 8μs）

根据 M 点接收到的波形分析，可得脉冲行波到达 M 点的时刻分别为：$t_{M1} = 0.65s$，$t_{M2} = 0.650669s$，可计算出：$\Delta t = t_{M1} - t_{N1} = 0.000669s$，因而，由公式可计算出：$X_{MF} = \dfrac{1}{2}v\Delta t = 99.68km$，测距误差为 0.32km。

测量线路 M 点的脉冲信号波形，脉冲时窗宽度 $t_1 = 32\mu s$ 的波形如图 9-7 所示。

根据 M 点接收到的波形分析，可得脉冲行波到达 M 点的时刻分别为：$t_{M1} = 0.65s$，$t_{M2} = 0.650668s$，可计算出：$\Delta t = t_{M1} - t_{N1} = 0.000668s$，因而，由公式可计算出：$X_{MF} = \dfrac{1}{2}v\Delta t = 99.53km$，测距误差为 0.47km。

（2）20km 处故障。以发生接地性故障为例仿真验证，过渡电阻为 1Ω，设故障距离 20km，故障起始时间为 0.6s，故障持续时间为 0.2s，在 $t_{M1} = 0.65s$ 注入幅值为 48V 的单极性脉冲信号。如图 9-5 所示，测量线路 M 点脉冲信号波形，

脉冲时窗宽度 $t_1 = 8\mu s$ 的波形如图 9-8 所示。

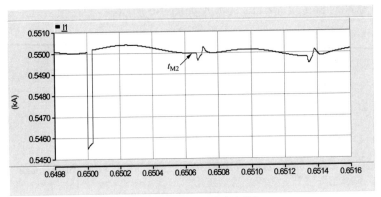

（a）无故障时M点电流波形图

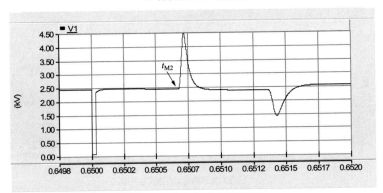

（b）无故障时M点电压波形图

图 9-7　无故障时 M 点脉冲信号波形图（脉宽 32μs）

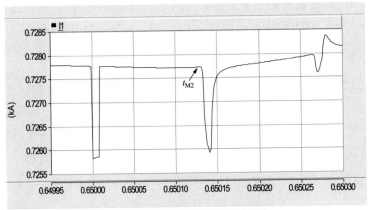

（a）20km处故障时M点电流波形图

图 9-8　20km 处故障时 M 点脉冲信号波形图（脉宽 8μs）（一）

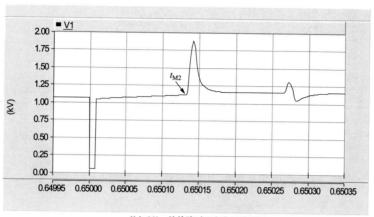

（b）20km处故障时M点电压波形图

图 9-8　20km 处故障时 M 点脉冲信号波形图（脉宽 8μs）（二）

根据 M 点接收到的波形分析，可得脉冲行波到达 M 点的时刻分别为：$t_{M1}=0.65\text{s}$，$t_{M2}=0.650132\text{s}$，可计算出：$\Delta t=t_{M1}-t_{N1}=0.000132\text{s}$，因而，由公式可计算出：$X_{MF}=\dfrac{1}{2}v\Delta t=19.67\text{km}$，测距误差为 0.33km。

测量线路始端 M 点脉冲信号波形，脉冲时窗宽度 $t_1=32\mu\text{s}$ 的波形如图 9-9 所示。

根据 M 点接收到的波形分析，可得脉冲行波到达 M 点的时刻分别为：$t_{M1}=0.65\text{s}$，$t_{M2}=0.650133\text{s}$，可计算出：$\Delta t=t_{M1}-t_{N1}=0.000133\text{s}$，因而，由公式可计算出：$X_{MF}=\dfrac{1}{2}v\Delta t=19.82\text{km}$，测距误差为 0.18km。

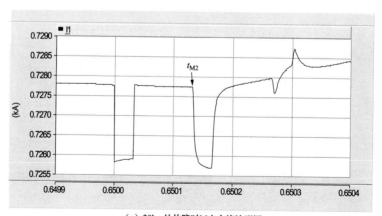

（a）20km处故障时M点电流波形图

图 9-9　20km 处故障时 M 点脉冲信号波形图（脉宽 32μs）（一）

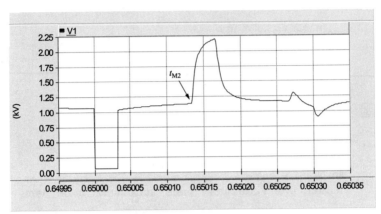

（b）20km处故障时M点电压波形图

图9-9　20km处故障时M点脉冲信号波形图（脉宽32μs）（二）

（3）30km处故障。以发生接地性故障为例进行仿真验证，过渡电阻为1Ω，设故障距离为30km，故障起始时间为0.6s，故障持续时间为0.2s，在$t_{M1} = 0.65s$注入幅值为48V的单极性脉冲信号，脉冲时窗宽度$t_1 = 32\mu s$。测量线路始端M点电流、电压波形如图9-10所示。

由图可知：$t_{M1} = 0.65s$，$t_{M2} = 0.650200s$，求得$\Delta t = 0.000200s$，则：$d_{MF1} = \frac{1}{2}v\Delta t = 29.8km$，$d_{NF1} = d - d_{MF1} = 70.2km$。

（4）40km处故障。以发生接地性故障为例仿真验证，过渡电阻为1Ω，设故障距离40km，故障起始时间为0.6s，故障持续时间为0.2s，在$t_{M1} = 0.65s$注入幅值为48V的脉冲信号。如图9-11所示，测量线路始端M点脉冲信号波形，

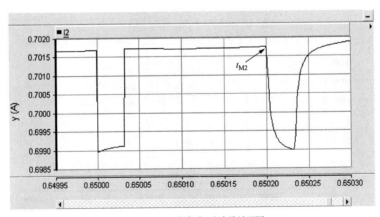

（a）30km处故障时M点电流波形图

图9-10　30km处故障时M点脉冲信号波形图（脉宽32μs）（一）

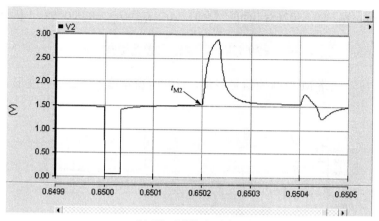

（b）30km处故障时M点电压波形图

图 9-10 30km 处故障时 M 点脉冲信号波形图（脉宽 32μs）（二）

脉冲时窗宽度 $t_1 = 8\mu s$ 的波形如图 9-11 所示。

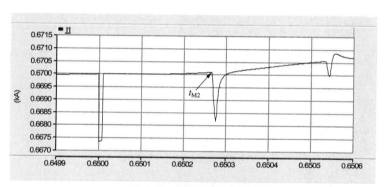

（a）40km处故障时M点电流波形图

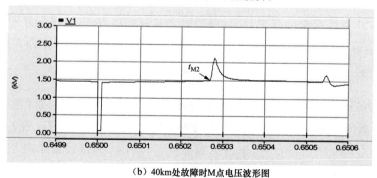

（b）40km处故障时M点电压波形图

图 9-11 40km 处故障时 M 点脉冲信号波形图（脉宽 8μs）

根据 M 点接收到的波形分析，可得脉冲行波到达 M 点的时刻分别为：

$t_{M1} = 0.65\text{s}$，$t_{M2} = 0.650268\text{s}$，可计算出：$\Delta t = t_{M1} - t_{N1} = 0.000268\text{s}$，因而，由公式可计算出：$X_{MF} = \dfrac{1}{2}v\Delta t = 39.93\text{km}$，测距误差为 0.07km。

测量故障线路 M 点脉冲信号波形，脉冲时窗宽度 $t_1 = 32\text{μs}$ 的波形如图 9-12 所示。

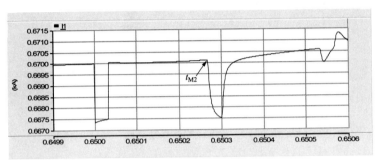

（a）40km处故障时M点电流波形图

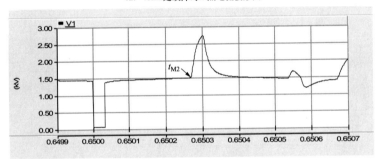

（b）40km处故障时M点电压波形图

图 9-12　40km 处故障时 M 点脉冲信号波形图（脉宽 32μs）

根据 M 点接收到的波形分析，可得脉冲行波到达 M 点的时刻分别为：$t_{M1} = 0.65\text{s}$，$t_{M2} = 0.650268\text{s}$，可计算出：$\Delta t = t_{M1} - t_{N1} = 0.000268\text{s}$，因而，由公式可计算出：$X_{MF} = \dfrac{1}{2}v\Delta t = 39.93\text{km}$，测距误差为 0.07km。

（5）70km 处故障。以发生接地性故障为例进行仿真验证，过渡电阻为 1Ω，设故障距离为 70km，故障起始时间为 0.6s，故障持续时间为 0.2s，在 $t_{M1} = 0.65\text{s}$ 注入幅值为 48V 的脉冲信号，脉冲时窗宽度 $t_1 = 32\text{μs}$。测量线路始端 M 点电流、电压波形如图 9-13 所示。

由图可知：$t_{M1} = 0.65\text{s}$，$t_{M2} = 0.650469\text{s}$，求得 $\Delta t = 0.000469\text{s}$，则：

$$d_{MF1} = \frac{1}{2}v\Delta t = 69.88\text{km}, \quad d_{NF1} = d - d_{MF1} = 30.12\text{km}。$$

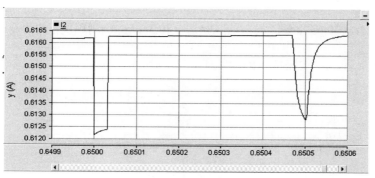

（a）70km处故障时M点电流波形图

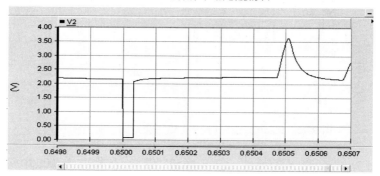

（b）70km处故障时M点电压波形图

图 9-13　70km 处故障时 M 点脉冲信号波形图（脉宽 32μs）

2. 双极性脉冲传播特性仿真

（1）30km 故障。注入脉冲后，线路电流的变化如图 9-14 所示。

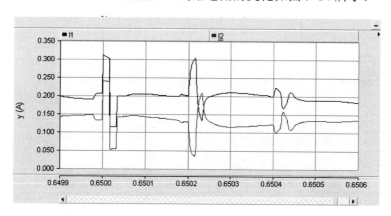

图 9-14　30km 处故障时 M 点电流波形图（脉宽 32μs）

由图可知：$t_{M1} = 0.65s$ ，$t_{M2} = 0.650198s$ ，求得 $\Delta t = 0.000198s$ ，则：

$$d_{\text{MF1}} = \frac{1}{2}v\Delta t = 29.634\text{km}, \quad d_{\text{NF1}} = d - d_{\text{MF1}} = 70.366\text{km}, \quad \text{测距误差约为 } 0.366\text{km}。$$

注入脉冲后，线路电压的变化如图 9-15 所示。

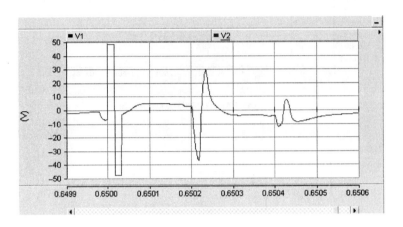

图 9-15　30km 处故障时 M 点电压波形图（脉宽 32μs）

由图可知：$t_{\text{M1}} = 0.65\text{s}$，$t_{\text{M2}} = 0.650199\text{s}$，求得 $\Delta t = 0.000199\text{s}$，则：

$$d_{\text{MF1}} = \frac{1}{2}v\Delta t = 29.661\text{km}, \quad d_{\text{NF1}} = d - d_{\text{MF1}} = 70.339\text{km}, \quad \text{测距误差约为 } 0.339\text{km}。$$

（2）50km 故障。注入脉冲后，线路电流的变化如图 9-16 所示。

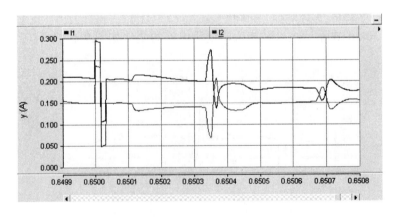

图 9-16　50km 处故障时 M 点电流波形图（脉宽 32μs）

由图可知：$t_{\text{M1}} = 0.65\text{s}$，$t_{\text{M2}} = 0.650332\text{s}$，求得 $\Delta t = 0.000332\text{s}$，则：

$$d_{\text{MF1}} = \frac{1}{2}v\Delta t = 49.560\text{km}, \quad d_{\text{NF1}} = d - d_{\text{MF1}} = 50.440\text{km}, \quad \text{测距误差约为 } 0.44\text{km}。$$

注入脉冲后，线路电压的变化如图 9-17 所示。

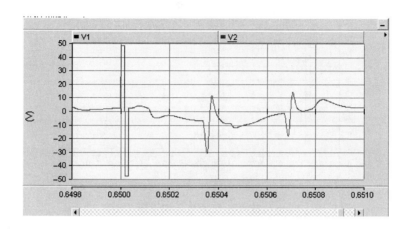

图 9-17 50km 处故障时 M 点电压波形图（脉宽 32μs）

由图可知：$t_{M1}=0.65\text{s}$，$t_{M2}=0.650334\text{s}$，求得 $\Delta t=0.000334\text{s}$，则：$d_{MF1}=\frac{1}{2}v\Delta t=49.773\text{km}$，$d_{NF1}=d-d_{MF1}=50.227\text{km}$，测距误差约为 0.227km。

（3）70km 故障。注入脉冲后，线路电流的变化如图 9-18 所示。

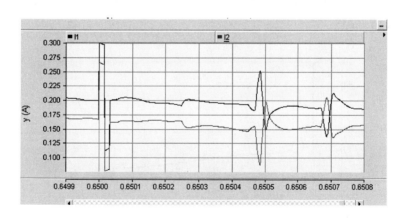

图 9-18 70km 处故障时 M 点电流波形图（脉宽 32μs）

由图可知：$t_{M1}=0.65\text{s}$，$t_{M2}=0.650466\text{s}$，求得 $\Delta t=0.000466\text{s}$，则：$d_{MF1}=\frac{1}{2}v\Delta t=69.528\text{km}$，$d_{NF1}=d-d_{MF1}=30.472\text{km}$，测距误差约为 0.472km。

注入脉冲后，线路电压的变化如图 9-19 所示。

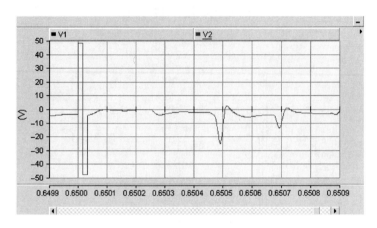

图 9-19　70km 处故障时 M 点电压波形图（脉宽 32μs）

由图可知：$t_{M1} = 0.65\text{s}$，$t_{M2} = 0.650468\text{s}$，求得 $\Delta t = 0.000469\text{s}$，则：

$$d_{MF1} = \frac{1}{2}v\Delta t = 69.822\text{km}，\quad d_{NF1} = d - d_{MF1} = 30.187\text{km}，测距误差约为 0.187\text{km}。$$

3. 脉冲注入法故障测距仿真

仿真模型如图 9-5 所示，且设置直流系统为双极运行方式。

（1）无故障状态。在接地极线路无故障状态下，周期性地从线路测量端注入宽度为 t_1=64μs 的单极性脉冲信号，记录到注入脉冲信号产生的典型暂态波形如图 9-20 所示。

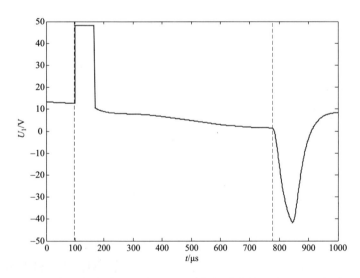

图 9-20　接地极线路无故障时注入单极性脉冲信号产生的暂态波形

对图 9-20 波形数据进行分析，可计算出脉冲信号发射时刻和反射波到达时刻之间的时间间隔（图中两虚线光标之间的时间间隔）为 $\Delta t = 670\mu s$，对应的探测距离为

$$l = \frac{1}{2} \times 298 \times 0.67 = 99.83km$$

可见，当接地极线路处于无故障状态时，通过注入脉冲法探测到的距离对应于接地极线路全长。

（2）近距离故障。在接地极线路上设置故障点距离测量端 20km，故障类型为非金属性接地故障，过渡电阻为 1Ω。在测量端注入宽度为 t_1=64μs 的单极性脉冲信号，记录到注入脉冲信号产生的暂态波形如图 9-21 所示。

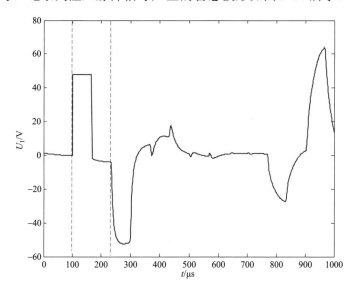

图 9-21 接地极线路 20km 处故障时注入单极性脉冲信号产生
的暂态波形（正常脉冲宽度）

对图 9-21 波形数据进行分析，可计算出脉冲信号发射时刻和反射波到达时刻之间的时间间隔为 $\Delta t = 133\mu s$。

与无故障情况相比，测量端接收到脉冲反射信号滞后于发射信号的时间间隔发生明显变化，表明线路已发生故障。初步故障测距结果为：

$$l_1 = \frac{1}{2} \times 298 \times 0.133 = 19.82km$$

图 9-22 给出了脉冲宽度为 32μs 和 16μs 时，测量端记录到注入脉冲信号产生的暂态波形，分析获得的故障距离分别为 l_2=19.67km 和 l_3=19.82km。

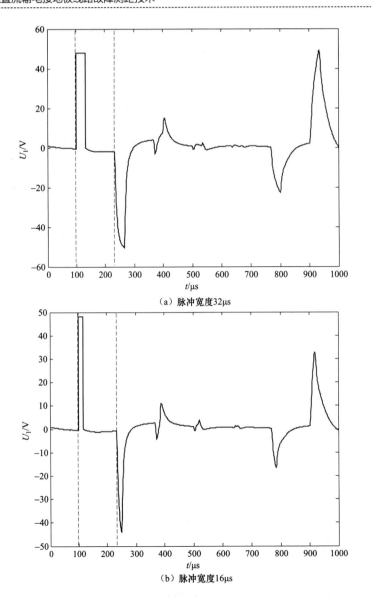

（a）脉冲宽度32μs

（b）脉冲宽度16μs

图 9-22　接地极线路 20km 处故障时注入单极性脉冲信号
产生的暂态波形（不同脉冲宽度）

图 9-23 给出了注入双极性脉冲（宽度 32μs）时，测量端记录到注入脉冲信号产生的暂态波形，分析获得的故障距离为 l_4=19.82km。

以上 4 次故障测距结果非常相近，可取平均值作为最终测距结果

$$\overline{l} = \frac{1}{4}(l_1+l_2+l_3+l_4) = 19.78\text{km}$$

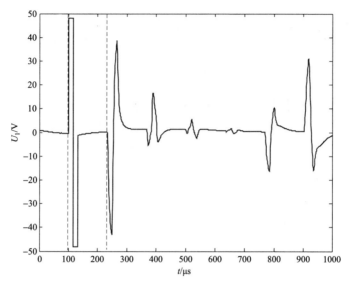

图 9-23　接地极线路 20km 处故障时注入双极性脉冲信号产生的暂态波形

（3）远距离故障。在接地极线路上设置故障点距离测量端 70km，故障类型为非金属性接地故障，过渡电阻为 1Ω。在测量端注入宽度为 t_1=64μs 的单极性脉冲信号，记录到注入脉冲信号产生的暂态波形如图 9-24 所示。

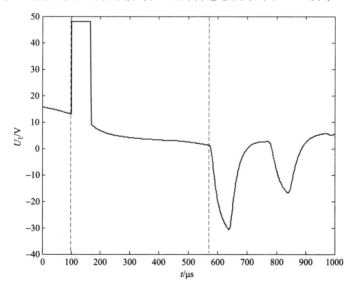

图 9-24　接地极线路 70km 处故障时注入单极性脉冲信号
产生的暂态波形（正常脉冲宽度）

对图 9-24 波形数据进行分析，可计算出脉冲信号发射时刻和反射波到达时刻之间的时间间隔为 $\Delta t = 469$μs 。

与无故障情况相比，测量端接收到脉冲反射信号滞后于发射信号的时间间隔发生明显变化，表明线路已发生故障。初步故障测距结果为

$$l_1 = \frac{1}{2} \times 298 \times 0.469 = 69.88\text{km}$$

图 9-25 给出了脉冲宽度为 32μs 和 16μs 时，测量端记录到注入脉冲信号产生的暂态波形，分析获得的故障距离分别为 l_2=69.73km 和 l_3=70.03km。

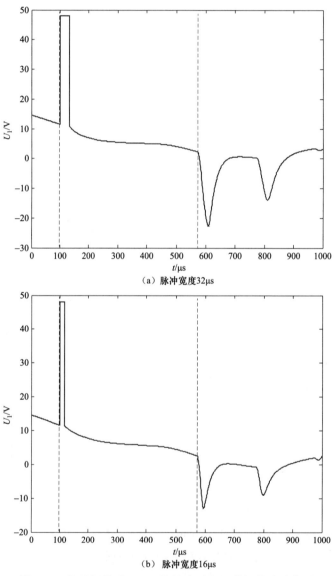

（a）脉冲宽度32μs

（b）脉冲宽度16μs

图 9-25　接地极线路 70km 处故障时注入单极性脉冲信号
产生的暂态波形（不同脉冲宽度）

图 9-26 给出了注入双极性脉冲（宽度 32μs）时，测量端记录到注入脉冲信号产生的暂态波形，分析获得的故障距离为 l_4=70.03km。

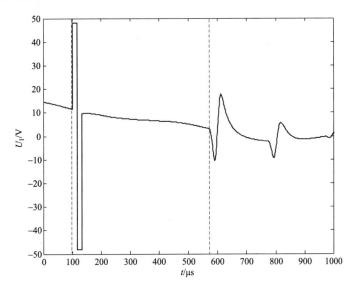

图 9-26　接地极线路 70km 处故障时注入双极性脉冲信号产生的暂态波形

以上 4 次故障测距结果非常相近，可取平均值作为最终测距结果

$$\bar{l} = \frac{1}{4}(l_1 + l_2 + l_3 + l_4) = 69.92\text{km}$$

（4）仿真结果统计。表 9-1 中给出了直流接地极线路上 6 个不同地点发生非金属性接地故障时，根据注入脉冲法获得的最终测距结果。可以看出，注入脉冲法的测距误差可以达到 300m 以内。

表 9-1　　　　　　　　　　仿 真 结 果 统 计

序号	实际故障距离 （km）	测距结果 （km）	测距误差 （km）
1	20	19.78	0.22
2	35	34.83	0.17
3	40	39.93	0.07
4	60	59.74	0.26
5	70	69.92	0.08
6	100	99.83	0.17

4. 脉冲注入法和单端故障行波法相结合的故障测距仿真

仿真模型如图 9-5 所示，且设置直流系统为单极运行方式。

（1）近距离故障。在接地极线路上设置故障点距离测量端 30km，故障类型为非金属性接地故障，过渡电阻为 1Ω，故障发生时刻为 0.6s，测量端提取到的故障暂态行波波形如图 9-27 所示（图中横坐标起始刻度对应于 0.6s）。

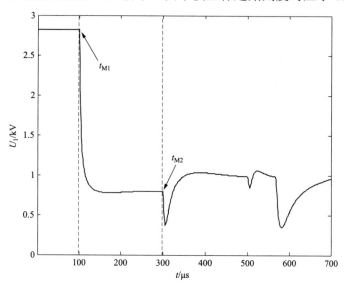

图 9-27　接地极线路 30km 处故障产生的暂态波形

在 0.65s 时刻注入幅值为 48V、脉冲宽度为 32μs 的单极性脉冲信号，测量端提取到注入脉冲信号产生的暂态波形如图 9-28 所示（图中横坐标起始刻度对应于 0.6499s）。

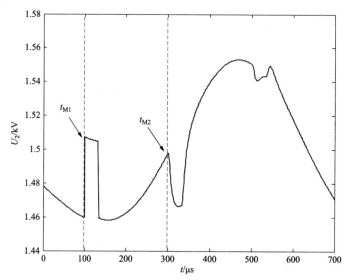

图 9-28　接地极线路 30km 处故障时注入脉冲信号产生的暂态波形

对图 9-28 波形数据进行分析，可计算出脉冲信号发射时刻和反射波到达时刻之间的时间间隔为 $\Delta t = 200\mu s$，对应的初步测距结果为

$$l_1 = \frac{1}{2} \times 298 \times 0.2 = 29.8 \text{km}$$

显然，$l_1 < d/2$，表明故障点位于线路中点以内。

据此可以确定，在图 9-27 所示的故障暂态行波波形中，第 2 个行波浪涌为故障点反射波。进一步地，可计算出中性母线测量端感受到故障初始行波浪涌和故障点反射波之间的时间间隔为 $202\mu s$，故障点到中性母线的距离为

$$l_2 = \frac{1}{2} \times 298 \times 0.202 = 30.1 \text{km}$$

最终测距结果为

$$\bar{l} = \frac{1}{2}(l_1 + l_2) = 29.95 \text{km}$$

（2）远距离故障。在接地极线路上设置故障点距离测量端 70km，其他所有参数与近距离故障仿真参数相同。测量端提取到的故障暂态行波波形和注入脉冲信号产生的暂态波形分别如图 9-29 和图 9-30 所示。

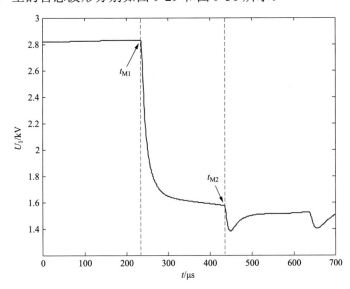

图 9-29　接地极线路 70km 处故障产生的暂态波形

对图 9-30 波形数据进行分析，可计算出脉冲信号发射时刻和反射波到达时刻之间的时间间隔为 $\Delta t = 469\mu s$，对应的初步测距结果为

$$l_1 = \frac{1}{2} \times 298 \times 0.469 = 69.88 \text{km}$$

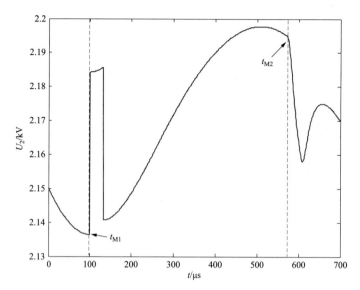

图 9-30　接地极线路 70km 处故障时注入脉冲信号产生的暂态波形

显然，$l_1 > d/2$，表明故障点位于线路中点以外。

据此可以确定，在图 9-29 所示的故障暂态行波波形中，第 2 个行波浪涌为接地极反射波。进一步地，可计算出中性母线测量端感受到故障初始行波浪涌和接地极反射波之间的时间间隔为 201μs，故障点到中性母线的距离为

$$l_2 = 100 - \frac{1}{2} \times 298 \times 0.201 = 70.05\text{km}$$

最终测距结果为

$$\bar{l} = \frac{1}{2}(l_1 + l_2) = 69.97\text{km}$$

（3）仿真结果统计。表 9-2 中给出了直流接地极线路上 6 个不同地点发生非金属性接地故障时，根据脉冲注入法和单端故障行波法相结合的测距方案获得的最终测距结果。可以看出，测距误差可以达到 300m 以内。

表 9-2　　　　　　　　　　仿 真 结 果 统 计

序号	实际故障距离 （km）	测距结果 （km）	测距误差 （km）
1	20	19.82	0.18
2	30	29.95	0.05
3	40	39.73	0.27
4	50	50.31	0.31
5	70	69.97	0.03
6	85	85.32	0.32

第三节　注入脉冲行波测距装置

一、系统研发关键技术研究

1. 后台处理算法

行波信号是一种具有突变性、非平稳性的高频瞬时信号，从故障的电流信号中提取出有效的行波故障特征是实现接地极线路监测的关键。接地极引线初始端故障行波监测装置检测到的故障点反射行波波头以及对端母线的反射波波头，即为行波信号的突变点，具有很大的奇异性。通常认为行波信号的频率范围为10kHz～100kHz，行波信号中的突变部分含有丰富的高频信号，包含了丰富的故障信息，是故障行波监测的重要依据，故障行波信号的次高频部分也反应了故障的重要特征。因此，需要对故障行波信号做小波处理，既消除噪声所含有的高频量，又保留反应行波信号突变部分的高频量和行波信号次高频量。正交小波分解具有自适应的时-频局部化功能。在行波信号的突变部分，对应小波变换的模极大值，与噪音在高频部分的均匀表现形成明显的对比，而且噪声的高频部分随着小波尺度的增加逐渐减小，在小波变换的低频部分，行波信号同样能得到明显的表现，因此利用小波变化可有效区分行波信号中的突变部分和噪声，达到消噪的效果。

2. 波形辅助判别

在信号分析中，相关性是一种在时域中对信号特性进行描述的重要方法。在信号分析中往往利用一对傅立叶变换来分析随机信号的功率谱分布，对确定信号的分析也是有一定应用，因此可将其应用于两个确定信号（采集到的信号波形和一个理论波形）相似性的研究上。要比较两波形的相似程度要从相关的概念上入手，可以借用误差能量来度量这对波形的相似程度，具体方法同高等数学上用来判断函数间正交性的方法基本类似：误差能量用 $x(t)-a \times y(t)$ 的平方在时域上的积分来表示；倍数 a 的选择必须要保证能使能量误差为最小，通过对函数求导求极值可以得知当 a 为 $x(t) \times y(t)$ 在时域的积分与 $y(t) \times y(t)$ 在时域的积分比值时可以满足条件，在此条件下的误差能量是可能所有条件下最小的。如果两完全不相似的波形其幅度取值和出现时刻是相互独立、彼此无关的，$x(t) \times y(t)=0$，其积分结果亦为 0，所以当相关系数为 0 时相似度最差，即不相关。当相关系数为 1，则误差能量为 0，说明这两信号相似度很好，是线形相关的。

通过以上方法再加之滤波等手段可以更好的减少由于波形繁杂而带来的人

工判断困难。

3. 装置启动电路

选取的行波信号为 1K 以上频率的信号，因此启动信号并不是故障原始信号，而是先进行滤波处理，同时考虑故障信号的总体能量（幅值和时间的关系，可视做两者的积分）。

同时为了提高装置的灵敏度，采用的门槛值相对较低，以尽量保证不漏过线路故障，但此时又容易带来装置频繁启动的问题，因此在故障信号弱的时侯，装置对于记录的数据有可能直接放充而不进行后续工作。

4. 装置数据处理算法

接地极引线采用双回架空线路，两导线之间存在电感和电容耦合，引线上传播的行波信号也是相互耦合的，而在故障行波监测中，首要的问题就是计算电压行波和电流行波的沿线分布。对于接地极线路上行波来说，每一条线路的行波信号产生的辐射电磁场互相影响，其过程相当复杂，从故障监测的角度出发，只需要考虑其相互影响对行波影响的结果，无需考虑其耦合的过程，这种理论分析对于接地极引线双回线路的故障监测方式，以及获得行波信号的处理方式都有直接影响。

5. 脉冲宽度及极性

脉冲脉宽、上升时间、幅度都对在接地极引线故障监测有重要的影响，快上升高幅值的窄脉冲对故障监测是非常有利的，设计基于 MOSFET 的脉冲电源，电路中输出脉冲的电压幅值取决于外加直流高电压的幅值，其幅度可高达2000V，脉宽在 200 微秒到几秒。

由接地极引线故障监测原理可知，脉冲参数的精确控制非常重要，直接影响接地极故障监测的精确度。在接地极引线的故障测距中，会用到不同形状的脉冲，因此可以设计双极性脉冲电路，产生可控双极性脉冲信号。

6. 脉冲发射间隔

对于信号发射间隔要综合考虑接地极线路长度及脉冲宽度两者的关系，以避免相邻信号的叠加而对故障测距造成干扰，即在本次注入信号消失殆尽时，再注入下一个脉冲信号。

7. 耦合单元

本文采用基于高压耦合电容器的耦合电路，用作接地极引线和故障监测系统之间的耦合组件，将高频信号直接注入到接地极引线中，同时从接地极引线上接收高频故障信息的设备，属于一种直接耦合装置，电容量采用 0.1018μF，耐压值为 50kV，该电容器对高频脉冲信号呈现为低阻抗，对工频直流呈现为高阻抗，阻止接地极引线在工作状态下的直流进入故障监测装置，造成对设备的损害。

耦合单元接在耦合电容器的低压端和高频电缆之间，和耦合电容器一起用来实现同轴电缆和输电线之间有效地传输载波信号，并保证故障监测设备的低压部分不受工频电压和瞬时过电压的危害。它由高压侧隔离变压器、低压侧隔离变压器、避雷器、接地刀闸和滤波器组成。

为提高高频信号的传输效率，耦合设备和耦合电容器组成高通或不对称带通滤波器，把故障监测设备的高频信号耦合到接地极引线上去。耦合单元同时起到补偿耦合电容器的容抗分量，提高载波信号的传输效率。

二、系统构成及参数

1. 系统构成

基于注入脉冲信号的接地极线路故障行波测距系统主要由三部分构成：

（1）XCF2000 行波后台数据分析与处理系统：主要完成行波数据的后台分析处理及波形显示、存贮等功能。

（2）XC-100 接地极行波采集装置。实现故障数据的采集，并将其上传到后台数据分析系统。

（3）XCT-200 脉冲信号发生与耦合装置。生成脉冲信号，并经过 XCCT-200G 行波信号端子箱，实现信号的耦合（注入及获取）。

系统构成示意图如图 9-31 所示。

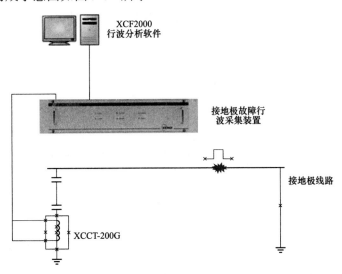

图 9-31　系统构成示意图

2. 技术参数

电源：110V/220V DC

电流信号输入路数：3 路

启动方式：信号注入/电流启动

采样频率：1～4M 可调

测距精度：500m

通信接口：RS-232

电源：110V/220V DC

电压幅值：24～60V 可调

脉冲宽度：100～500μs，可调

脉冲间隔：500～5000μs，可调

三、系统检测试验

1. 故障仿真行波波形回放测试

故障仿真模型如图 9-32 所示，试验接线示意图如图 9-33 所示。测试内容主要包括：

（1）对单极大地回线运行方式下的故障行波数据进行仿真回放，查看行波装置故障位置判定结果与回放结果是否一致。

（2）对双极平衡运行方式下故障行波数据进行仿真回放，查看行波装置故障位置判定结果与回放结果是否一致。

（3）每种运行方式下，数据回放故障点位置分别设定于距离采集单元 30km、50km 和 90km 处进行试验。

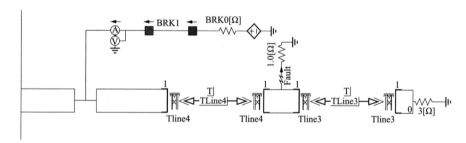

图 9-32　故障仿真模型

测试结果表明：送检的 XC-2000 接地极线路行波故障测距装置，能够准确记录故障暂态行波信号，装置测距结果与线路预设的故障点位置一致。

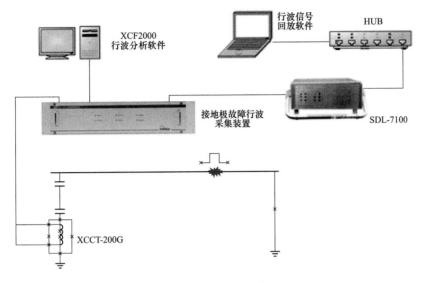

图 9-33 试验接线示意图

2. 模拟线路实测

模拟线路如图 9-34 所示，试验接线示意图如图 9-35 所示，现场试验设备接线如图 9-36 所示。分别在试验线路不同位置模拟接地极线路发生接地故障，观察"XCT-200 行波信号装置"启动情况和"XC-100 行波测距采集单元"数据采集情况，通过"XCF2000 行波测距分析软件"分析故障行波波形，查看故障位置与测距装置的测距结果是否一致。

图 9-34 现场试验线路图

试验结果表明：XC-2000 接地极线路故障行波系统，能够准确记录故障行波信号，故障测距结果与线路预置的故障点位置一致。

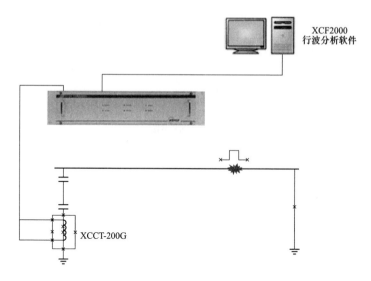

图 9-35　试验接线示意图

图 9-36　现场试验设备接线图

3．某换流站现场试验

（1）试验条件。

1）单极大地运行方式下，在直流极 1 接地极线路上作人工短路试验，短路点分别选在 2km 和 30km 处进行。其中在 2km 处做了 1 次短路试验，在 30km 处做了 2 次短路试验。

2）接地极线路运行电流 600A，接地极双线差动保护动作阀值 213.3A，告警阀值 106.7A。在接地极线路人工短路试验时，对接地极线路行波测距设备的记录数据作分析。

（2）试验数据分析。

1）第一次接地极线路人工短路试验行波数据分析。第一次试验故障点设在距离换流站 2km 处，接地极线路行波测距设备设定的动作阀值和接地极线路差动保护一致，即测距启动值为 213.3A。在人工接地短路时，保护设备和行波测距设备动作一致，故障行波波形如图 9-37 所示。由波形分析可见，本次测距结果 2.1km，比实际故障距离超出 0.1km。

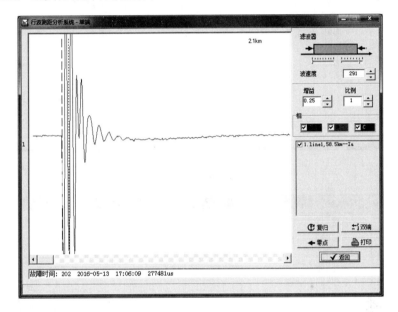

图 9-37　故障行波波形

2）第二次接地极线路人工短路试验行波数据分析。第二次试验故障点设在距离换流站 30km 处，接地极线路行波测距设备设定的动作阀值和接地极线路差动保护一致，即测距启动值为 213.3A。人工短路持续时间约为 1s，接地极不平衡保护报警，未动作。经故障录波数据分析，此次故障时接地极双线电流差值约为 150A，超过保护告警值，未达到保护动作值。由于测距装置启动值为 213.3A，本次故障试验行波测距设备未启动。

3）第三次接地极线路人工短路试验行波数据分析。第三次试验故障点设在距离换流站 30km 处，试验条件同第二次试验。从启动可靠性出发，接地极线路行波测距设备调整动作阀值在接地极线路保护告警阀值和保护动作阀值之间，设定为 110A。行波设备记录了故障期间的多组数据，选取其中 2 组数据见图 9-38 和图 9-39，从行波过程的特征分析，故障距离约为 30.7km、31km。

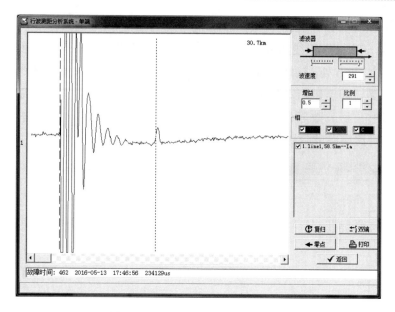

图 9-38　行波设备记录数据（一）

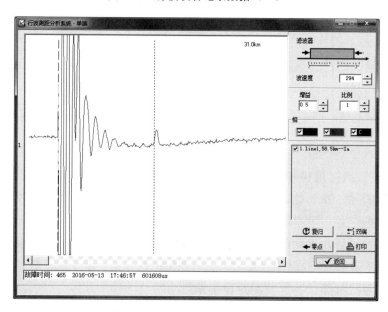

图 9-39　行波设备记录数据（二）

（3）试验结论。通过人工短路试验，验证了接地极行波测距设备动作和保护设备的动作一致性，行波测距记录数据的分析结果和接地极线路人工短路的故障距离基本一致。

本 章 小 结

　　本章针对双极运行方式下的高压直流输电系统，提出一种利用脉冲注入信号的接地极线路故障测距方法，即根据测量端接收到脉冲反射信号滞后于发射信号的时间间隔发生变化，判断接地极线路发生故障，进而通过改变脉冲信号宽度和脉冲极性探测故障点位置。

　　直流输电系统在双极运行方式下，接地极线路故障本身产生的暂态行波信号较为微弱，难以可靠检测。而应用脉冲信号注入法在线探测接地极线路故障测距，不仅能够提高检测灵敏性，还可以通过改变脉冲宽度和脉冲极性，对故障点进行多次探测，因而大大提高了故障测距的可靠性和准确性。

　　本章针对单极运行方式下的高压直流输电系统，提出一种将脉冲注入法和单端故障行波法相结合的接地极线路故障测距方案，其主要特点在于首先利用脉冲注入法探测故障点所处线路区段，进而实现精确故障定位。

　　直流输电系统在单极运行方式下，接地极线路故障会产生明显的暂态行波过程。采用脉冲注入法和单端故障行波法相结合的故障测距方案，能够解决单纯利用单端故障行波法存在的第 2 个反向行波浪涌识别问题，从而大大提高了故障测距的可靠性和准确性。